暮らしの図鑑

お茶の時間

楽しむ工夫
×
世界のお茶100
×
基礎知識

SHOEISHA

はじめに

私たちの暮らしを形作る、さまざまなモノやコト。自分で選んだものは、日々をより豊かにしてくれます。

「暮らしの図鑑」シリーズは、本当にいいものをとり入れ、自分らしい暮らしを送りたい人に向けた本です。使い方のアイデアや、選ぶことが楽しくなる基礎知識をグラフィカルにまとめました。

お仕着せではない、私らしいモノ・コトの見つけ方のヒントが詰まった一冊です。

この本のテーマは「お茶の時間」。紅茶や烏龍茶、緑茶、ハーブティーなど、世界中でさまざまに親しまれているお茶は、もっとも暮らしに寄り添った飲み物です。お茶そのものについてだけでなく、お茶を選んだり淹れたりする時間の過ごし方も含めて紹介します。

PART 1
私の好きなお茶の時間

PART 2

お茶をもっと楽しむ基礎知識

PART 3

毎日の暮らしにとり入れたい お茶カタログ

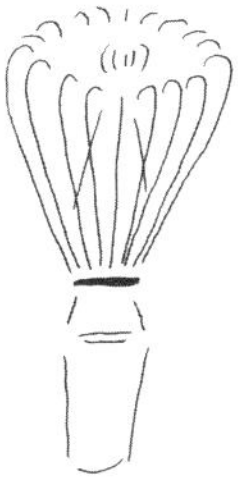

QUEEN ANNE
25 TEA BAGS
BASILUR
CLIPPER
ding dong!
BIG BEN
ENGLISH
BREAKFAST
ORGANIC
TEA
pukka
herbal collection
love
revitalise
relax
HARNEY & SONS FINE TEAS
A FLORAL CITRUS BLEND
No.1620
SMITH VARIETY
STEVEN
SMITH
TEAMAKER
12 SACHETS
FLOAT LEMON
TEA
Ginger Lemon
MITSUURA
MADE IN JAPAN
6 BAGS
HT
PEPPERMINT HERBAL
Caffeine Free
20 Tea Sachets
1.4 oz/40 g
LA FULIA
Earl Grey Cream
15 tea bags
33g
TEAPOND
www.teapond.jp
FORTNUM & MASON
LAPSANG
SOUCHONG
AHMAD TEA LONDON
Sir Thomas J. Lipton

CLIPPER
ding dong!
A BAG OF OUR
BIG BEN
TEA
pukka
mint refresh
A spring of organic peppermint, fennel & rose
FLOAT LEMON TEA
Ginger Lemon
TEAPOND
www.teapond.jp
HARNEY & SONS FINE TEAS
A FLORAL CITRUS BLEND

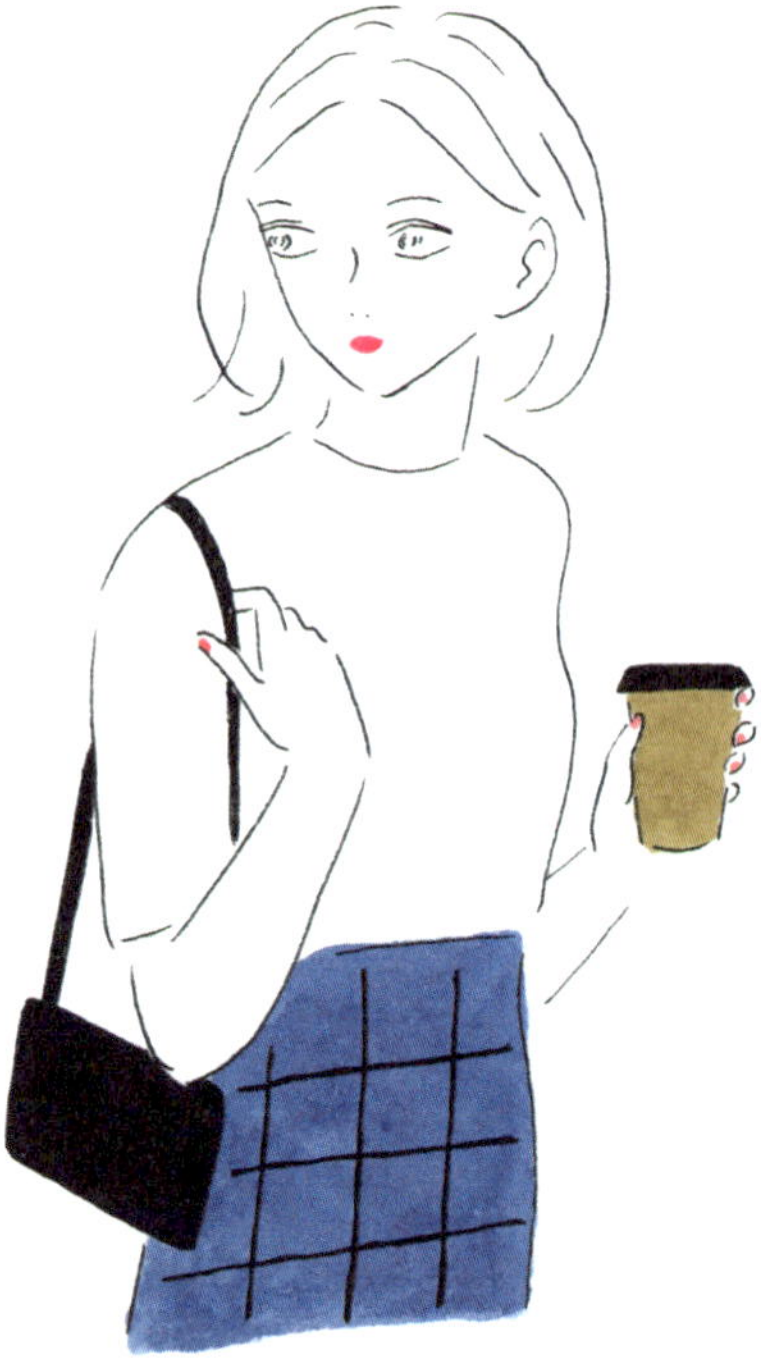

PART 1

私の好きなお茶の時間

世界中で楽しまれているお茶。
どんなお茶を飲んで、
どんな時間を過ごしているのでしょうか。
家でもできるような世界の喫茶文化や
すぐに実践したくなるアイデアを紹介します。

サモワールとロシアンティー

濃い紅茶に お湯を注いで楽しむ

ロシアでお茶を飲むときに欠かせなかったのが、「サモワール」という湯沸かしポットのようなものです。「ザワルカ」という濃い目の紅茶を作り、ティーポットに入れてサモワールの上に置いて保温しておきます。

お茶を飲むときは器にザワルカを注ぎ、サモワールのお湯を足して好みの濃さにして飲みます。レモンを加えたり、ジャムやはちみつ、砂糖などを加えて甘みをつけたりすることもあります。ジャムを入れたお茶は「ロシアンティー」と呼ばれることも。

サモワールが生み出す暖かい時間

ロシアにお茶が伝わったのは17世紀前半。モンゴルからロシア皇帝に献上されました。17世紀後半には清との間に国交がむすばれ、正規の茶貿易が開始。

19世紀後半までには中国からリーフタイプの紅茶などが輸入され、日常的にお茶が飲まれるようになります。その後第一次大戦前には、イギリスに次ぐ世界第2位の輸入量に。

ロシアにお茶が伝わり浸透していくなかで、飲み方も変化していきます。はじめは中国と同じような飲み方でしたが、サモワールを使った独自の習慣が生まれたのです。

今では日常的には使われなくなりましたが、ロシアの社会や文化を象徴するものです。

アイスティーはアメリカの味

アメリカで生まれたアイスティー

アイスティー、つまり冷たくして飲む紅茶は、いつ頃から飲まれるようになったのでしょうか？

意外なことに、アイスティーの始まりはアメリカ。１９０４年にセントルイスで開催された万国博覧会で、イギリスから来た紅茶商人が紅茶のプロモーションのために、試飲用の紅茶に氷を入れて提供したのが始まりという説が一般的です。

ちなみに、レモンティーもアメリカを起源とする説があります。レモン農園の人が冷めた紅茶にレモンを入れて飲み、そのおいしさを発見したとか。

米南部で愛される スウィートティー

今でもアイスティーが一番飲まれているのはアメリカ。フロリダやカリフォルニアで栽培されるレモンの消費を大きく促したもののひとつが、お茶なのです。

今でもアメリカ南部では、砂糖がたっぷり入ったアイスティー「スウィートティー」が親しまれています。

スウィートティーの甘さは、かつてお茶や砂糖が高価だった時代の名残り。植民地として開拓された時代に、上流階級のステータスとされていたことが一般に普及したといわれています。

暑い日に、レモンの爽やかな風味と甘さを加えたアイスティーは格別のおいしさです。

モロッコのミントティー

緑茶にミントを加えた甘いお茶

じつは、北アフリカの国モロッコでは、食事の際に緑茶を飲む習慣があります。もちろん、ただの緑茶ではなく、ミントを加えて抽出し、砂糖を加えた甘いお茶です。

1860年代に始まったといわれるモロッコのミントティーは、モロッコとチュニジア、アルジェリアからなるマグレブ地方では一般的な飲み物。ミントの爽快な風味と香りが特徴です。

お客をもてなす際にもミントティーが出されます。使うのは、金属製のポット「ブレッド」とエキゾチックな金色の模様が入ったグラス「キーサン」です。

ミントの爽快な香り

モロッコのミントティーに使われるのは、生のミント。かなり濃く煮出した緑茶にたっぷりのフレッシュミントと、これまたたっぷりの砂糖を加えて飲みます。

最後のポイントは、50㎝以上の高さからグラスにミントティーを注ぐこと。こうすることで、お茶に空気を含ませるそうです。

モロッコには、以下のようなことわざがあります。

「1杯目は人生のように苦く、2杯目は愛のように強い、3杯目は死のように穏やかである」。

インドのチャイ

チャイとは？

「チャイ」と聞くと、スパイスが入ったインドのミルクティーを想像する人が多いのではないでしょうか。

じつは、チャイという言葉は「茶」を意味していて、中国からお茶が伝わった国や地域で使われています。おもに陸路で伝わったところで使われていて、それぞれの国や地域で異なった飲み方がされています。

代表的なものがインドのチャイです。インドのチャイとは、「煮出しミルクティー」のこと。

東京吉祥寺にあるチャイ専門店「チャイブレイク」の水野学さんに、チャイについて教えていただきました。

協力＝チャイブレイク　http://www.chai-break.com/

チャイブレイクの店内。棚にはさまざまなインドの素焼きカップが並んでいます。

専門店ならではの豊富な紅茶の茶葉と、チャイを作る道具、スパイスチャイに使うスパイスなども販売されています。

スパイスとチャイ

インドでは、家庭によってさまざまなチャイのレシピがあります。私達がイメージするようなスパイスが入ったものではなく、スパイスを使わずに茶葉を濃く煮出して砂糖を加えたものがごく一般的です。

スパイスを加えるチャイも、ミックスしたスパイスを使ったものは少なく、サフランを使ったものやカルダモンを使ったものなどがあり、お店の名物のようになっているそうです。

チャイブレイクのスパイスチャイに使われているのは、シナモン、カルダモン、クローブ、ナツメグ、ジンジャー、ブラックペッパー。家庭で作る際は、好みのスパイスを使うとよいでしょう。

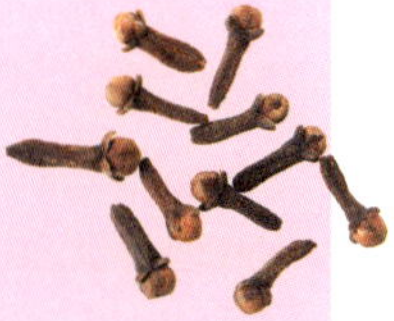

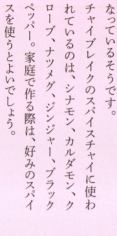

日常的に紅茶を楽しむ

おいしいチャイを作るポイントは、紅茶をしっかり煮出すこと。「濃厚なチャイのおいしさ=牛乳をたっぷり使うこと」と思ってしまいがちですが、牛乳だけで作らずに、水を使って紅茶のエキスをしっかり抽出することが大切なんだそうです。じつはチャイは手軽に作ることができます。だからこそ、インドでも日常的にカジュアルに飲まれているのです。チャイブレイクが大事にしているのも同じ。上品に紅茶を楽しむだけでなく、もっと毎日の暮らしのなかで気張らずに楽しめるものにしたいとの思いからチャイを提供しています。

HOW TO MAKE A CHAI

チャイブレイクが教える

おいしいチャイの作り方

1

大きめのティーカップ1杯分のチャイを作ります。鍋に水90mlと茶葉大さじ1(8g)を入れて強火で沸騰させます。

2

沸騰したら火を弱めて1分ほど煮出します。

3

牛乳180mlを加えて火を強めます。

4

沸騰する直前に火を止めます。

HOW TO MAKE A CHAI

スパイスチャイの作り方

1

鍋に水90mlと粉末状にしたスパイス小さじ1(ティースプーン1杯でも)を入れ、強火にかけます。

2

沸騰したら火を弱め、1分ほど抽出します。ここに茶葉を加え、基本のチャイと同様に作ります。

5

タンブラーやカップに砂糖小さじ2を入れておきます。

6

茶こしで4を漉しながら5に注ぎ入れます。これで完成。

クリスマスティー

冬だけの特別なお茶 パッケージもかわいい

クリスマスの時期に、イギリスをはじめとするヨーロッパで楽しまれているのが、クリスマスティー。

シナモンやクローブ、ナツメグなどのスパイスに、柑橘類などのドライピールがミックスされています。紅茶メーカーからブレンドティーが発売され、パッケージもクリスマスらしいデザインです。

スパイスやドライフルーツを紅茶に加えて、気軽に家で作ってもよいでしょう。加えるスパイスのうち、シナモン、クローブ、ナツメグの3つには意味があります。キリスト誕生の際に、東方の三賢者が祝福して贈った乳香、没薬、黄金をそれぞれ象徴しているそうです。

バター茶

塩を加えて作る、遊牧民族のお茶

チベットやブータンなどのアジア中央部で楽しまれているのが、バター茶といわれる飲み物です。煮出したお茶にヤクのミルク、バター、塩を加えて「ドンモ」と呼ばれる木製の攪拌容器に入れて混ぜます。よくかき混ぜたら、ティーポットに移し、カップに注いで飲みます。濃厚で塩のきいた味わいです。

高地にあり、乾燥した草原の厳しい気候で失われやすい水分や熱量、塩分などを補給し、体を温めるために飲まれているそう。遊牧民の生活に欠かせないお茶といえるでしょう。

鴛鴦茶《えんおうちゃ》

香港で人気のコーヒー紅茶

鴛鴦茶という言葉を聞いたことがあるでしょうか。これは、紅茶とコーヒーを混ぜ合わせたもの。香港では一般的で、砂糖と無糖の練乳エバミルクをたっぷり加えて飲みます。香港では数十年の歴史があり、「茶餐廳《ちゃさんちょう》」と呼ばれるカフェでは、定番メニューとなっているそうです。最近では日本でも香港式のカフェが登場し、香港に行かなくとも楽しめるようになりました。

紅茶とコーヒーを別々に作ってから混ぜる方法や、紅茶の茶葉とコーヒーの粉を混ぜてから淹れる方法などいくつか作り方があります。

香港式ミルクティー

ロイヤルミルクティーのような濃厚な味わい

もうひとつ、香港のお茶を紹介します。それは香港式ミルクティー。濃い目に淹れた紅茶にエバミルクという無糖の練乳を加えて作ります。紅茶の香りも高く、濃厚な味わいが楽しめます。砂糖は好みで加えますが、最初から入っていることもあります。前のページで触れた茶餐廳などで広く楽しまれています。

イギリスの植民地だった時代にミルクティーを飲む習慣が伝わりましたが、牧場のない香港では新鮮な牛乳を使うことができず、練乳を使った方法が一般的になったとか。

トルコと紅茶

世界で最も紅茶が飲まれている国

紅茶というと、イギリスやインドでよく飲まれていると思いますよね？ ですが、実は世界で一番消費されているのはトルコなのです。

トルコでは紅茶は「チャイ」と呼ばれ、食事の際だけでなく、常にカップを片手に、紅茶を楽しんでいます。

トルコでは、2つで1組のティーポットを重ねた「チャイダンルック」という茶器で紅茶を淹れます。下のポットでお湯を沸かし、上のポットで紅茶を淹れます。重なっていることで上のポットの保温にも。濃い目に淹れた紅茶を小さなグラスに注ぎ、下段のポットのお湯で割って飲みます。ミルクは入れず、砂糖をたっぷり入れるのがトルコの飲み方。

チャノキの栽培に適したトルコの気候

紅茶を飲むだけでなく、トルコではお茶の生産も盛んに行なわれています。世界で5番目といわれる生産量を誇り、スリランカに迫る勢いとなっているそうです。

産地は、トルコ北東部のリゼ県。黒海に続く傾斜地に茶園が広がっています。山と黒海にはさまれた地域で、気温が高く、一定の雨量が1年を通してあります。この気候が茶葉の栽培にぴったりなのです。

輸入茶葉には高い関税がかけられ、国内での消費割合が高く保たれています。

テー・タレッ

マレーシア式ミルクティー

もこもことカフェラテのように泡立っているミルクティー、それがマレーシアで楽しまれている「テー・タレッ」です。

細かい紅茶の茶葉を使って濃い目に抽出し、甘い練乳のコンデンスミルクとさらに砂糖を加えます。2つのカップを使って、交互に移し替えるようにして混ぜて作ります。

2つのカップでお茶を引き伸ばすようにして作ることから、マレー語で「引っ張る」という意味の「タレッ」という名前がついています。

濃厚で甘いミルクティーは、暑いマレーシアらしい飲み物です。

ロータスティー

ベトナムの伝統茶

ロータスティーとは、その名の通り植物の蓮を使ったお茶です。花を使ったもの、葉を使ったもの、実の芯の部分を使ったものがありますが、ここでは花を使ったお茶について紹介します。

ベトナムで古くから楽しまれてきたのは、緑茶に蓮の花で香りづけしたお茶。上品な香りが特徴で、ベトナムのお土産としても知られています。

１ｇのお茶に香りづけするためには、１本分のおしべが必要。わずかしか採取できないおしべを使うため、ベトナムでは王族のお茶とされていたとか。現在でも人工の香料を使わないものは高級品となっています。

チャトルでお茶を淹れる

リーフティーを手軽に楽しむタンブラー

身近な存在のお茶。ゆったりとティーポットや急須を使って淹れるのはもちろん、もっとかんたんに楽しんでも。

「チャトル」というタンブラーを使えば、オフィスでも水筒のように気軽にお茶を飲むことができます。茶こし付きなので、お茶を淹れてそのまま飲むことができて、お湯の注ぎ足しもかんたん。

透明な耐熱プラスチック製なので、茶葉が開いていく様子を眺めるのもよいでしょう。

協力＝遊茶　https://youcha.com/

チャトルの使い方

1

チャトルと茶葉を用意します。使う茶葉は3g。お湯を注ぎ足して、1日楽しむことができます。

2

ふたと茶こしを外して茶葉を入れ、熱湯を注ぎ入れます。茶葉がやんわりと開いてきたら飲み頃です。熱いうちはふたを閉めないようにしましょう。

3

半分ほどお茶を飲んだらお湯を注ぎ足します。飲みきらずにお湯を足すのがコツ。お湯を入れるときは茶こしを取りましょう。

※「Chattle®」(チャトル)は株式会社遊茶の登録商標です。

透明なグラスで美しい茶葉を眺める

中国で楽しまれているお茶のひとつ、工芸茶は味わいだけでなく、茶葉が開くところも楽しむお茶です。

丸く細工された茶珠にお湯を注ぎ、花が咲くように茶葉が開いていき、色鮮やかな花が現れる様子はほかにない美しさです。徐々に開花する、ゆったりとした時間そのものを楽しむお茶でもあります。耐熱性の透明なグラスやティーポットを使いましょう。

この本で紹介している工芸茶は、緑茶を使っていますが、ジャスミン茶や紅茶などが使われるものもあります。ベースとなる茶葉にさまざまな花を組み合わせて、職人が糸で束ねて形を作ります。

P.36-39　協力＝クロイソス　https://www.mercure.jp/

見て飲んで体にもいい
三拍子そろったお茶

工芸茶は１９８０年代に中国の安徽省で汪芳生氏によって考案され、現在では安徽省や福建省で作られています。「工芸茶の父」と呼ばれる汪芳生氏は、工芸茶を「康藝銘茶」と呼んでいます。見た目が美しいだけでなく、飲んでおいしく、健康にもよいという意味が込められているとか。

飲む際は、工芸茶をひとつポットやカップに入れ、熱湯を注ぎ入れます。２〜３分ほど待ち茶葉が開くのを楽しみます。花が顔を出したら飲み頃。さし湯をしながら、３煎ほど飲むことができます。

飲み終わった茶葉は水に移し替えて水中花としても飾ることができます。毎日水を換えることで、１週間ほど楽しむことができます。

燈塔茶《とうとうちゃ》

緑茶をベースに、千日紅とジャスミンを使った工芸茶。灯台のような赤い千日紅の花がポイント。

萬《ばん》事《じ》如《にょ》意《い》

緑茶をベースに菊の花を使ったもの。「物事が意のままに運ぶ」という意味の名前で、黄色い花の色が鮮やか。贈り物にもおすすめです。

マザーオブラブ

緑茶をベースに、大きなピンクのカーネーションの花が顔を出します。ほのかな花の香りがアクセントに。

スイートメモリー

緑茶がベース。赤い千日紅と白いジャスミンの花がタワー状に重なって、愛らしいお茶です。

花籃《はなかご》

緑茶をベースに、菊・千日紅・バラ・キンセンカの花を使ったゴージャスなお茶。かご一杯の花をイメージし、かごの持ち手もちゃんと作られています。

ヴィーナス

緑茶の中から、大輪の牡丹の花が現れます。茶葉と花が開いていく様子は圧巻の美しさです。

アフタヌーンティー

イギリス文化に根づいたお茶時間

イギリスのティータイムというと、何といってもアフタヌーンティー。19世紀中頃、朝夕2回だけの食事だった時代に、夕食までの空腹を紛らわせるために始まった習慣です。上流階級の貴婦人から始まり、社会的な慣習へと広まりました。

はじめは午後4時頃に紅茶と軽食をとるものでしたが、今では午後2～5時頃にとり、世界各地のカフェやホテルで提供されています。

そのほかにも、一日の最初に飲む「アーリーモーニングティー」や午前中の休憩時間の「イレブンジズ」など、イギリスではさまざまなティータイムがあります。

フィーカ Fika

スウェーデンの暮らしに根づいたもの

近年、日本でも知られるようになった「フィーカ」。スウェーデンで、コーヒーやお茶を飲み休憩することをいいます。いわば、スウェーデン式のティーブレイクやコーヒーブレイク。

「ｆｉｋａ（フィーカ）」という言葉は動詞であり、名詞でもあり、スウェーデンの暮らしに根づいています。スウェーデン語でコーヒーを意味する「ｋａｆｆｅ」から派生した言葉ですが、最近では、お茶やレモネードを飲むことも含まれます。伝統的には甘い焼き菓子を飲み物と一緒に食べます。なかでもシナモンロールは有名ですね。

お茶の時間＝コミュニケーションの時間

フィーカは、単にコーヒーやお茶を飲み休憩する時間というだけではありません。

家族や友人、恋人、同僚など、誰かと一緒にコーヒーやお茶を飲みながら時間を過ごす。ゆったりした時間を過ごすこと、大切な人と語らうことなのです。つまり、コミュニケーションのきっかけとなる時間。スウェーデンでは一日のなかで何度もフィーカをするそうです。

同僚との気軽なミーティングに、仲よくなりたい人との交流のきっかけに、家族や友人との団欒に。お茶と甘いものを用意して、「フィーカしない？」と気軽に誘ってみてはいかがでしょうか。

韓国の伝統茶

儒教の広がりとともに
緑茶から茶外茶へ

韓国で現在親しまれているのは、ナツメやシナモン、しょうが、五味子などの漢方や果実などを使った、いわゆる茶外茶《ちゃがいちゃ》です。柚子と砂糖、はちみつを煮込んだものにお湯を注いで飲む「柚子茶」がよく知られていますね。これらが韓国の伝統的なお茶です。

9世紀前半、韓国にチャノキが伝わり喫茶文化が花開きました。朝鮮時代に入って儒教が国教となると、緑茶を飲む習慣が廃れていき、代わりに茶外茶を飲む習慣が広まります。

激動の歴史のなかで、僧侶や学者によって茶葉の栽培が細々と続けられました。１９６０年代頃から再びお茶の栽培は広まっていったそうです。

ぶくぶく茶

沖縄に伝わる泡を楽しむお茶

「ぶくぶく茶」という耳慣れない名前。沖縄で古くから楽しまれている「振り茶」のことです。

振り茶とは、茶せんでお茶を泡立て、立てた泡にほかのものをからめていただくもの。沖縄だけでなく、新潟や富山の「ばたばた茶」、島根県出雲地方の「ぼてぼて茶」などがあります。

炒った米を煮出したものとさんぴん茶（ジャスミン茶の一種）や番茶とを大きな木の鉢に入れ、茶せんで泡立てます。お茶と赤飯を盛った茶碗に泡をのせて、でき上がり。

ぶくぶく茶の特徴は大きな鉢と茶せんでまとめて泡立てること。沖縄に行ったら、ぜひ楽しみたいお茶です。

シングルオリジンティー

茶葉が本来持っている個性を味わう紅茶

20世紀から浸透してきた「シングルエステート」という意識が、「シングルオリジン」という言葉に変わりつつあります。

シングルオリジンティーとは、「＊生産者が明確で、かつブレンドや着香などの加工を施していない、茶葉本来の個性を味わう」紅茶のこと。品種や、栽培される環境、収穫や製造条件の違いなどにより、さまざまな種類が作られ、多彩な香りや味わいを楽しむことができます。同じ個性が存在しないシングルオリジンティーに対して、一定の味わいを保つために作られた「ブレンドティー」がまだ主流ではありますが、日本でも注目されています。

＊＝『紅茶 味わいの「こつ」理解が深まるQ&A89』(川﨑武志・中野地清香・水野学　柴田書店)p.28より引用

シングルオリジンティーを買うときのポイント

誰しも、自分の好みに合う紅茶を飲みたいものですね。前に触れたように、ブレンドティーは一定の風味が保たれていることから味わいの想像がつきます。

それに対して、シングルオリジンティーは同じ作り手の茶葉でも、風味が異なることがあります。

そのため、シングルオリジンティーを買う際は、試飲をするのがおすすめです。購入したいお茶を試飲させてくれるお店が近くにあれば、ぜひそうしたお店に行ってみましょう。

また、パッケージに明記された情報も大切です。産地や生産者、収穫時期、品種など、好みの紅茶を探す手がかりとなります。

ミルクと砂糖の話

ミルクティーにおすすめの牛乳とは

イギリスでは、カップに紅茶を先に入れるべきか、牛乳を先に入れるべきかという、長く熱い議論が交わされてきました。

どちらを先に入れるべきか、理由はさまざまですが、家庭でミルクティーを作るときは、「低温殺菌牛乳」にしましょう。タンパク質が変性せず、クセがなく口当たりがさらりとしていて、紅茶の特徴とおいしさを引き立ててくれます。

おいしさのコツは、茶葉を少し多めに使って、しっかり抽出すること。牛乳は65度以上には温めずに使うこと。

ちなみに、牛乳で茶葉を煮出したロイヤルミルクティーは、和製英語で、イギリスにはありません。

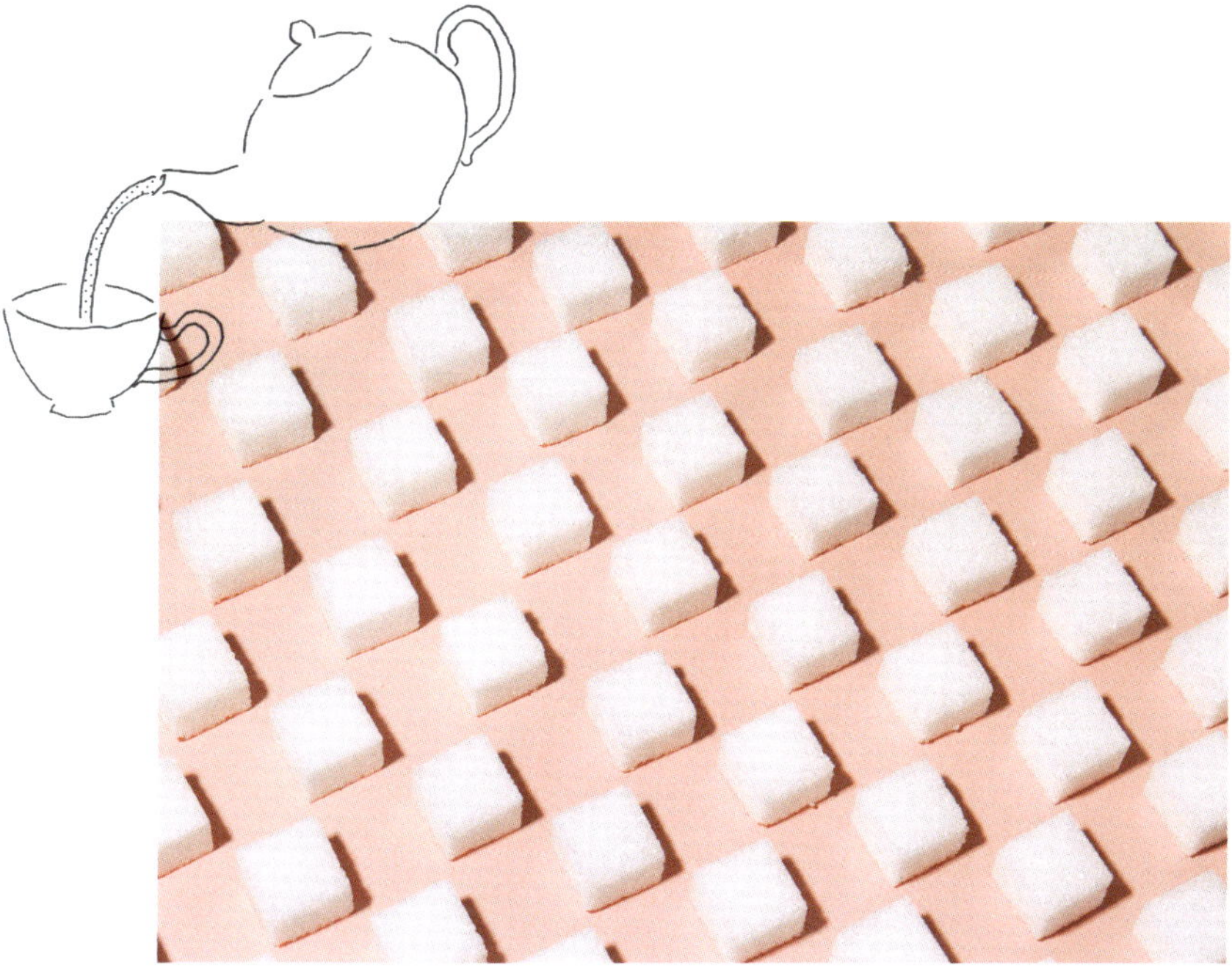

砂糖とお茶の歴史的関係

紅茶に砂糖を入れるという飲み方は、イギリスで始まったといわれています。17世紀初め頃まで、紅茶も砂糖も貴重な薬品のようなものでした。貴族や富裕な商人など上流階級の証であった紅茶に、さらに砂糖を加える。2つのスティタス・シンボルを重ねることは、これ以上ない権力の誇示となります。

ティーテーブルに置かれた砂糖の容器には、あえてふたがされなかったとか。その後、紅茶と砂糖の貿易量は増加し、紅茶は上流階級だけでなく中流階級、さらに民衆にまで広まり、イギリスの国民的な飲み物になっていきます。

フレーバードティー

アールグレイが代表的なお茶

フレーバードティーとは、茶葉に精油や香料などで香りをつけたもの。花や果実の皮、スパイスなどで香りをつけたものを含めてそう呼ぶこともあります。ベースとなる茶葉は紅茶を使用するものが多いですが、ほかのお茶を使ったものもあります。

よく知られているのは「アールグレイ」。一般的には中国産の紅茶を使い、ベルガモットの香りをつけますが、さまざまな風味のアールグレイがあります。

良質でない茶葉でもおいしく飲めるようにと作られたものですが、今では多彩な香りや茶葉の組み合わせがあり、オリジナリティ溢れるフレーバードティーが生み出されています。

フルーツティー

フレッシュな果物と紅茶を組み合わせて

紅茶に生の果物を組み合わせて、風味や味わいをプラスしたものが、フルーツティー。家庭でかんたんに作ることができます。

作り方はさまざまですが、ホットで飲む場合は、ポットやカップにカットした好みの果物を入れ、熱い紅茶を注ぎ入れます。砂糖やはちみつを加えてもおいしくいただけます。アイスティーにカットした果物を入れてもよいでしょう。

使う果物は、オレンジやイチゴ、キウイやリンゴがおすすめです。鮮やかなフルーツが合わさって、味わいだけでなく見た目もかわいくなりますね。

ハレの日のお茶

古くから飲まれている縁起物のお茶

黒豆や梅干し、結び昆布などが入った煎茶を「福茶」といいます。茶器に具を入れ、お茶を注いで作りますが、お湯を使うことも。お正月や節分、大みそかなどに縁起物として、おもに関西で古くから飲まれてきました。特にお正月に飲むものを「大福茶」と呼び、「若水」を沸かして使います。若水とは、元旦に初めてくむ水のこと。福茶を飲んで、新しい年を祝い、無病息災や長寿を願います。

お茶の専門店で販売されているものもありますし、自分で結び昆布や梅干し、黒豆などを使って作っても。

祝いの席で出される特別な飲み物

次に紹介するのは、お茶ではありませんが、桜を使った飲み物です。

「桜湯」は桜の花の塩漬けを茶器に入れ、お湯を注いだもので、江戸時代から飲まれているとされます。

薄いピンクの桜の花が茶器の中で咲いているような風情は、何とも風流で美しいものです。

現代では、お見合いや結婚にまつわるおめでたい場で供されます。結婚は一生を決める大事なもの。その祝いの席では、お茶は「茶を濁す」という言葉につながるため、縁起を担いで用いられません。そのため、桜湯が出されるのです。

八宝茶

漢方素材を使った、中国のお茶

八宝茶とは、クコの実やナツメなど漢方薬に使われる素材を加えて淹れた中国のお茶です。緑茶を使い、氷砂糖で甘さも加えます。

「八」は「たくさん」という意味。中華料理の「八宝菜」と同じで、さまざまな素材が入っているということです。

元々は中国西北に起源があり、回族という少数民族が飲んでいたものが、シルクロードを通して伝わったといわれています。

使う漢方素材は地域や季節によって異なりますが、日本でも1杯分ずつミックスされたものが専門店で販売されていて、便利です。

美容や健康対策に おすすめの働き

飲む際は、中身を茶器に入れ、お湯を注ぐだけ。中国や台湾のお茶と同じように、お湯を注ぎ足して何煎か楽しむことができます。

飲み終えた後は、具材を食べても。漢方薬にも用いられる素材なので、美容や健康にいいものばかりです。

いくつか素材を紹介します。日本でも中華食材として知られるクコの実は、ビタミンたっぷりで、血圧や血糖値を下げる働きがあります。ナツメは鉄分とミネラルたっぷり。菊の花は眼精疲労を緩和してくれます。龍眼《りゅうがん》は日本ではなじみがありませんが、中国では一般的な果実でライチに似ています。滋養強壮や疲労回復によいといわれています。

ドライフルーツとハーブを組み合わせて

食べられるお茶とは、「ＴｅａＥＡＴ（ティート）」というフルーツティーのこと。ドライフルーツとハーブを使って作られた、フルーツのおいしさがぎゅっと詰まったお茶です。

茶葉は使っていないためノンカフェインで、子どもや妊娠中の方でも楽しむことができます。

抽出したものを飲むだけでなく、やわらかくなったドライフルーツも一緒にいただきます。果物ならではの甘みや酸味、香りが特徴。

ドライフルーツやハーブを組み合わせて作るから、カラフルな見た目もかわいい。

P.56-59　協力＝ティートリコ　https://teatrico.jp/

淹れ方はかんたん。ホットの場合は、大さじ山盛り1杯の「TeaEAT」をカップに入れ、100〜150mlの熱湯を注ぎます。5分以上蒸らして、軽く混ぜて完成。フルーツも一緒にいただきます。アイスの場合は、ティーポットを使い、お湯150mlにつき大さじ2杯の割合で入れ、熱湯を注ぎ入れます。5分以上蒸らして、氷をたくさん入れたグラスに一気に注ぎます。お好みでガムシロップを加えても。

ティート パルフェ

赤いドライフルーツを組み合わせた、鮮やかなワインのような色合い。

ティート ストロベリー

イチゴの果肉をたっぷり使って、甘みと酸みを楽しめます。

ティート ライチ

みずみずしいライチの香りがエキゾチック。すっきりとした飲み口です。

ティート アプリコット

ふんわりと優しい香りが特徴。黄色い花びらがアクセントに。

ティートベリーミックス

3種類のベリーを合わせた華やかな香りで、味わいも深みがあります。

ティートパイナップル

クセのない味わいで、どんなシーンにも。完熟パインの甘さがポイント。

ティートフレスカ

レモネードの風味を閉じ込めて。アロエの食感も楽しめます。

水出し紅茶の楽しみ

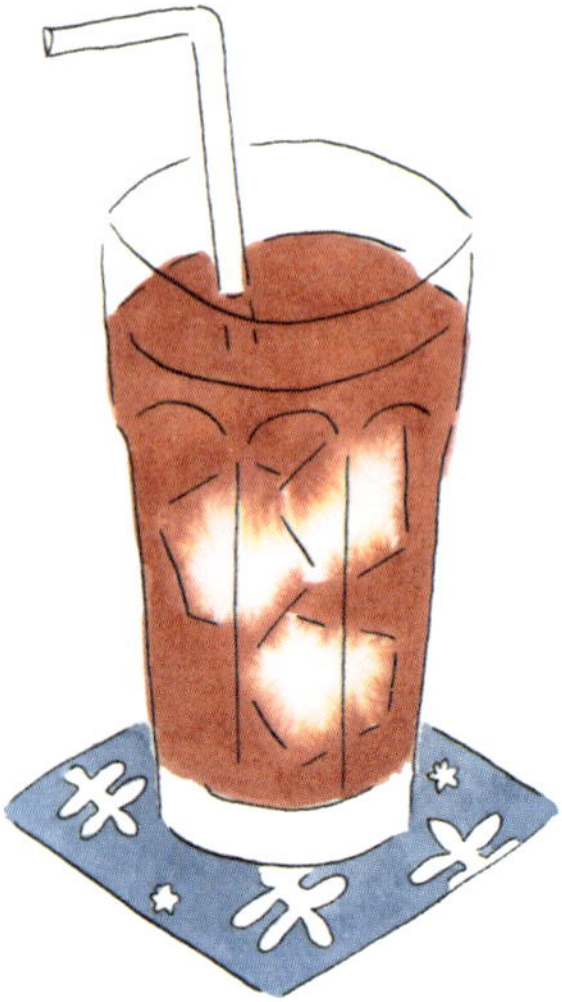

誰でも、どの茶葉でも おいしく淹れられる

PART2で紹介している基本のアイスティーは、熱湯で抽出したものを冷まして作ります。これはすぐにできますが、使う茶葉を選ぶ必要があり、クリームダウンという白濁してしまう現象が起こることもあります。

水出しにすると、どの茶葉でも失敗なく淹れることができます。渋みが出にくく、甘みなどのバランスもよく仕上がるため、初心者でもおいしく抽出することができます。特に相性がよいのは、アッサム、ダージリンのセカンドフラッシュなどの茶葉。淹れ方は難しくありません。ぜひ夏は水出しの紅茶を常備して、気軽にアイスティーを楽しみましょう。

水出し紅茶の作り方

1 ホットの紅茶と同じ分量の茶葉と水を用意します。

2 タンブラーやティーポットなどの容器に茶葉を入れて水を注ぎ入れます。

3 常温の場合は3～4時間、冷蔵庫に入れる場合はひと晩ほどかけて抽出します。

4 茶葉を漉してカップやグラスに注いでいただきます。

衛生面がポイント!

水出しの場合は熱湯を使わないため、茶葉についた雑菌を消毒することができません。ですので、水出しで作るときは、必ず殺菌処理された信頼できる茶葉を使います。わからないときは、購入するときにお店で聞いてみましょう。

ハーブとスパイスを組み合わせる

まずは緑茶や紅茶にプラスして

たまには、いつものお茶にハーブやスパイスを加えてみませんか?

紅茶や緑茶などを淹れるときに、茶葉にハーブ・スパイスを混ぜるだけ。同じように抽出していただきます。

選ぶハーブやスパイスによって、異なった香りや味わいを楽しむことができます。

また、ハーブやスパイスが持つ働きを取り入れることもできるので、体調や気分に合わせて組み合わせてみましょう。

PART3ではハーブティーを掲載していますが、ここではお茶と組み合わせるためのおすすめのハーブ・スパイスを紹介します。

P.64-67　監修=ハーブ専門店　エンハーブ

ジャーマンカモミール

紅茶、煎茶のどちらにもおすすめです。穏やかな鎮静作用があるため、リラックスしたいときに飲んでみましょう。まろやかな口当たりです(PART3　p.209参照)。

ジンジャー

世界中で用いられるハーブ・スパイスです。煎茶と組み合わせても相性はよく、紅茶は「ショウガ紅茶」として販売されているものも。体を温めてくれます(PART3　p.210参照)。

紅茶に合わせる

紅茶に組み合わせたいのがローズ、エルダーフラワー、シナモンなどのハーブ・スパイス。ローズは豊かな香りが、シナモンはスパイシーな風味が楽しめます。エルダーフラワーは「コーディアル」というシロップもあり、イギリスで伝統的に飲まれています。

煎茶に合わせる

煎茶に合わせるなら、爽やかな香りが特徴のレモングラスやペパーミントがおすすめ。レモングラスはレモンのような香りが特徴です。

ティーバッグ

茶葉も素材も進化しています

手軽に紅茶を淹れられるティーバッグは、アメリカで考案されたもの。20世紀初頭にとある茶商人によって、茶葉の見本用に生み出された安価な絹の袋がその原型。一杯分の紅茶が入っていて、そのままお湯に入れれば茶殻の後始末もかんたんなことから、のちに絹から紙袋に変わり現在のものになります。

最近では、価格は高くても上質な茶葉を使ったものもあり、多彩な味わいが楽しめます。

それだけでなく、ティーバッグの素材も進化しています。一般的なろ紙に加えて、不織布やナイロン、ソイロンなどが素材として使われています。

協力＝Tea Market G clef　http://www.gclef.co.jp/

紅茶の風味を素直に表現できる素材

ソイロンとは、とうもろこしの繊維を原料としたもので、ナイロンやポリエステルと同じように吸水性がほとんどありません。そのため、吸水性が高いろ紙や不織布のように、ティーバッグ自体が紅茶の成分を吸収してしまう心配がありません。

また、ナイロンとポリエステルにわずかにある繊維のにおいがソイロンにはなく、紅茶の風味にも影響を与えないのです。

このことから、ソイロンは繊維自体のにおいや吸水性がなく、紅茶の風味を一番表現できる素材といえます。

これはわずかな違いではあるのですが、高品質の茶葉を使う場合はこのわずかな差が大切になってきます。

ティーバッグのおいしい淹れ方

リーフティーと同じように、分量をきちんと計り、保温をしっかり行うことです。カップで直接淹れる場合は、事前にカップを温めることも大切。抽出中にカップにふたをしてもよいでしょう。ティーバッグを取り出すときは、したたる抽出液を絞らないこと。できるだけ自然に最後の一滴までカップに落とします。

日本の緑茶もティーバッグで

ティーバッグでお茶を淹れる一番のメリットは、やはり何といっても手軽さです。急須のお手入れや面倒な茶殻の処理もいらないので、お湯とカップさえあればかんたんにお茶を淹れることができます。

また、茶葉の計量もいらないので、誰が淹れても同じようにおいしいお茶を淹れることができます。

日本の緑茶もティーバッグの形はさまざまですが、ピラミッド型など、中で茶葉が広がりやすい形状のものを選ぶと、茶の成分がよく浸出しておいしくいただけます。

協力＝おいしい日本茶研究所　http://oitea-lab.shop/

煎茶をティーバッグで淹れる

温めた器にティーバッグを入れ、少し冷ましたお湯（80℃ほど）を、直接ティーバッグに当たらないように注ぎます。

約1分半抽出し、お湯の中でティーバッグを揺らし、好みの濃さになるようにします。

ティーバッグを入れたままにすると渋みが強くなるので、好みの濃さになったら取り出しましょう。

お湯は浄水器を通すか、5分ほど沸騰させてカルキ抜きしたものを使うと、よりおいしくいただけます。

煎茶以外のお茶を淹れる場合

玄米茶やほうじ茶のティーバッグは、お湯を湯冷ましする必要はありません。熱湯を注ぎ、立ち上がる香りも十分に楽しみましょう。

玉露のティーバッグは、まろやかな味わいを楽しむために、煎茶よりも低い温度で淹れます（60~70℃）。

パッケージを愛でる

缶や箱、ティーバッグの紙袋も

お茶の楽しみは、飲むだけではありません。茶葉やティーバッグが入ったパッケージも、その味わいと同じく、バリエーション豊か。

缶の場合は、お茶を飲み終わった後も、中にこまごましたものを入れて使うことができます。クリスマスティーなど、シーズン限定のブレンドなどは特別なデザインで、コレクションしたくなります。

紙箱やティーバッグが入った小さな紙袋、タグなども個性豊かで、ついつい捨てられなくなってしまいますね。

お気に入りの風味のお茶を見つけるのはもちろん、パッケージも好みのものを探してみましょう。

KANDY
FULL LEAF BLACK TEA
organic cinnamon,
cardamom
& ginger
LAPSANG
SOUCHONG
AHMAD TEA
CLIPPER
NATURAL FAIR & DELICIOUS
ding dong!
A BAG OF OUR
BIG BEN
TEA
BLACK TEA
English
Breakfast
AHMAD TEA
LONDON
pukka
relax
A deeply soothing
fusion of organic
chamomile, fennel
& marshmallow
MINTON
ENGLAND
FLAVORED
TEA
Tea
pukka
love
A heart-warming
touch of organic rose,
chamomile &
lavender
VARIETAL:
No.45
STEVEN
SMITH
TEAMAKER
PEPPERMINT LEAV
HERBAL INFUSION
It's no secret that the world's most
flavorful peppermint comes from th
Pacific Northwest. Hand-screened
perfect leaf size, it has a full, crean
flavor with distinct chocolate note
an intense finish. A great after din
treat, midday breath freshener or
rear-view mirror dangler. [1 Sach
FLOA
Strawberry
ukka
pure
lean fusion of
c aniseed, fennel
cardamom
BLACK TEA
Darjeeling
Tea
AHMAD TEA
LONDON
Famous Teas
QUEEN ANNE
.72
EVEN
MITH
AMAKER
E PETAL
F WHITE TEA
f and bud are used for
an, or White Peony tea.
hade-dried leaves from
rovince are naturally
nts. Egyptian chamomile
se osmanthus flowers
asty, creamy and slightly
lavor. [1 Sachet]
pukka
mint refresh
NTON
ENGLAND
Ginger Chai
FLAVORED BLACK TEA
Tea
MINTON
INT
ENGLAN
Mint
FLAVORED
BLACK TEA
Sir Tho
LIPT
dible I
ダージ
MINTON
ENGLAND
Earl Grey

お茶とお菓子

伝統菓子でも、自由な組み合わせでも

お茶のよい相棒といえば、お菓子。どの国や地域でも、お茶にはお菓子が添えられているのではないでしょうか。

喫茶文化とともに発展してきた、伝統的なお菓子やフードもありますが、自分の好みに合わせてお茶を選ぶように、組み合わせるお菓子を考えるのも楽しいものです。

市販されているものや専門店のものを買ってもよいですし、お菓子作りが得意な人は手作りしてもいいですね。かた苦しく考えることなく、自由に楽しんでみましょう。

スコーン

イギリスのティーフードの定番といえば、何といってもスコーン。上下に割って、クロテッドクリームとジャムをたっぷりのせて、いただきます。

ショートブレッド

こちらはスコットランドのお菓子。「ショート」という言葉は、サクサクした食感を意味しています。バターの風味がおいしさのポイント。

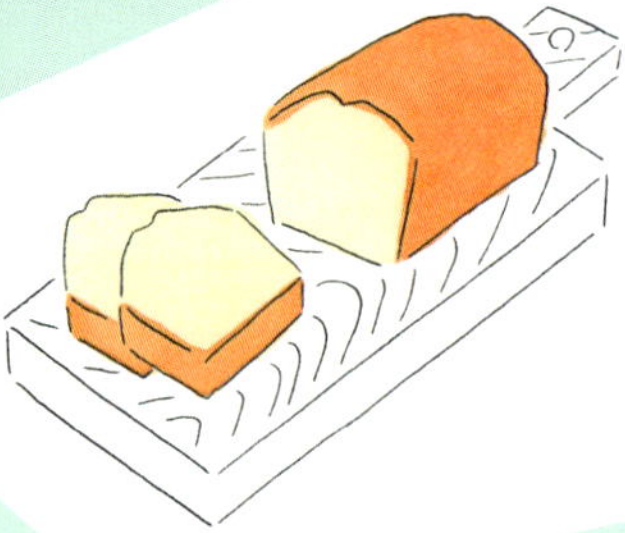

パウンドケーキ

小麦粉、バター、砂糖、卵をそれぞれ1ポンド（パウンド）ずつ使って作ることから名づけられました。現在でも焼き菓子の定番ですね。

ヴィクトリアサンドイッチ

2枚のスポンジケーキでラズベリージャムをはさんだもの。表面には粉砂糖をふっただけのシンプルさです。ヴィクトリア女王にちなんだお菓子。

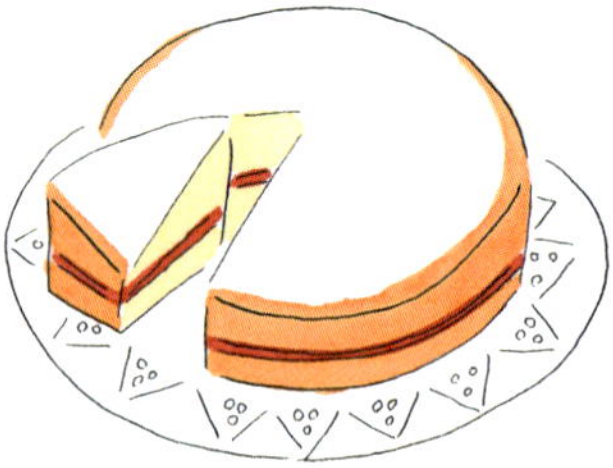

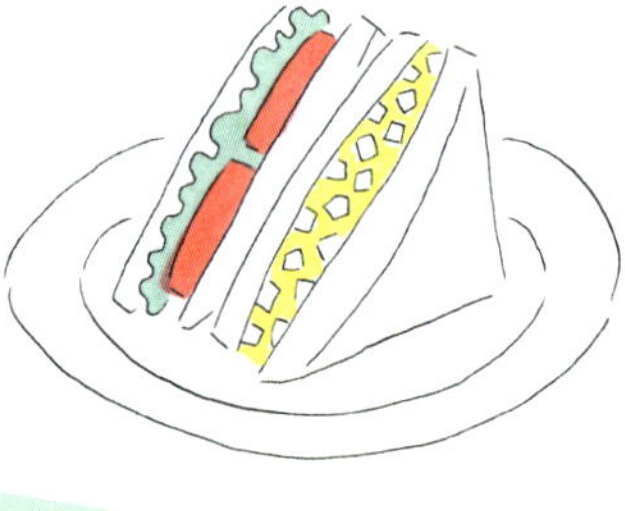

サンドイッチ

イギリスのアフタヌーンティーでよく見かけるのが、キュウリを使ったもの。サイズは小さめ。かつて、新鮮な野菜を使うことは富の象徴でした。

練りきり

白あんに砂糖や山いもなどのつなぎを加えて、練って作る生菓子。白あんにさまざまな色をつけて細工を施した、見た目も美しいお菓子です。

干菓子

乾菓子ともいい、水分の少ない和菓子の総称でもありますが、ここでは和三盆や落雁などを型に入れて作るお菓子のこと。箱詰めするとさらにかわいい。

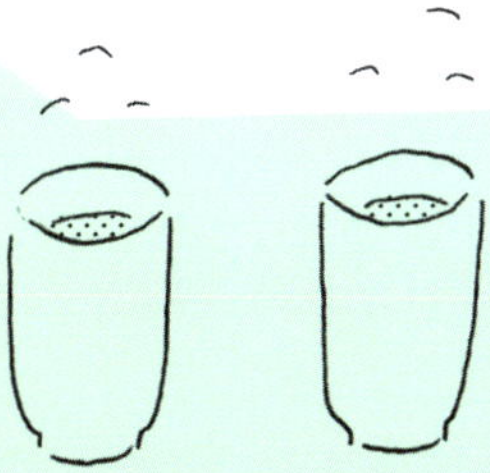

月餅

月に見立てた、丸い形の焼き菓子。大きさや、中に入れる餡はさまざまな種類があります。中秋節に食べられる、伝統菓子です。

パイナップルケーキ

台湾語では鳳梨酥《ふぉんりーすー》といいます。パイナップルジャムが中に入った焼き菓子。中国南方や台湾の定番のお菓子です。

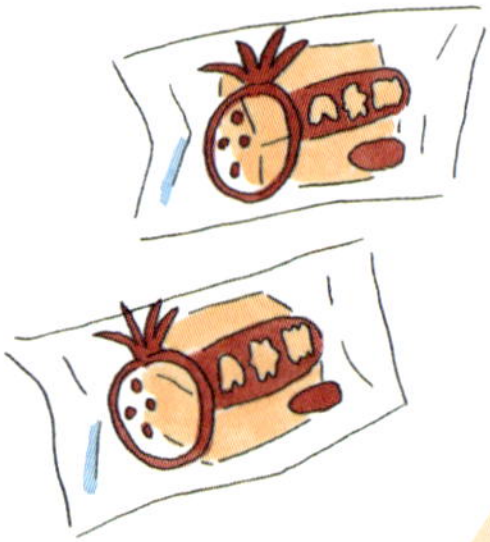

干しナツメ

ナツメの実を乾燥させたもので、鮮やかなあずき色をしています。サクッとした食感と甘みが特徴。中国では料理などにも広く使われています。

ひまわりの種

炒った種を割って、中身を食べます。スナック感覚で気軽に食べられており、栄養豊富で香ばしい味わいがやみつきになります。

山査片《しゃんじゃーぴえん》

サンザシの実と砂糖を混ぜて作った、しっとりしたチップスのようなお菓子です。甘酸っぱい風味。ペースト状のものやミニサイズのケーキなど、このほかにも中国ではサンザシを使ったお菓子が多くあります。

お茶と料理

お茶の栄養を
まるごと食べる

お茶にはさまざまな成分が含まれ、日本では、かつて緑茶は薬として飲まれていたそうです。

代表的な成分であるカテキンは、ポリフェノールの一種。苦みや渋みのもとになるもので、抗菌作用や抗酸化作用があります。近年では、生活習慣病予防のため、健康飲料として販売されているお茶もありますね。ほかにもカフェインやテアニン、ミネラルが含まれています。

緑茶が持つ成分には、お湯に溶けないものも多くあります。そのため、茶葉がやわらかい玉露や上級煎茶は、茶殻も食べたいもの。ここでは、緑茶を使ったレシピをいくつか紹介します。

P.78-81　協力＝いり江豊香園「お茶のレシピ」　https://www.cha-irie.com/recipe/

TEA RECIPE

アボカドとエビのサラダ

材料（2人分）

むきエビ……6尾
アボカド……1個
クリームチーズ……30g
黄パプリカ（薄切り）……適宜
ドレッシング（作りやすい分量）

A
- 酢……大さじ1/2
- 塩……小さじ1/4
- 砂糖……小さじ1/2
- こしょう……少々
- オリーブオイル……大さじ1
- 薄口しょうゆ……小さじ1
- 茶葉……小さじ1

作り方

1 エビは背ワタをとって洗い、ゆでてから1尾を4等分する。アボカドは皮と種を取り除き、1cm角に切る。クリームチーズも同様に角切りにする。

2 Aの材料をボウルに入れ、よく混ぜてドレッシングを作る。

3 1を別のボウルに入れ、2のドレッシング大さじ2を加えて、全体を混ぜ合わせる。

4 器に盛り、あれば薄切りにした黄パプリカを飾る。

※レシピに「茶葉」と書いてあるものは、淹れる前のものです。

TEA RECIPE

炊き込み風茶飯

材料(作りやすい分量)

茶葉	大さじ1
湯	1カップ
米	2合
ごぼう	1/2本
にんじん	1/2本
酒	大さじ1
薄口しょうゆ	大さじ1
砂糖	ひとつまみ
塩	少々
だし	適量

作り方

1 茶葉と湯でお茶を濃い目に淹れる。

2 米は研いでザルにあげておく。ごぼうはささがきにし、にんじんはいちょう切りにする。

3 炊飯器に米を入れ、1のお茶と調味料をすべて入れる。2合の目盛りまでだし汁を加える。

4 ごぼうとにんじんを入れ、炊き上げる。

TEA RECIPE

茶葉白和え

材料（1人分）

茶葉	小さじ1
塩こんぶ	大さじ1
豆腐	1/4丁
薄口しょうゆ	小さじ1/2

作り方

1. 茶葉は少量の湯でふやかし、水けをよくきる。塩こんぶは1cm長さに切る。豆腐は水きりしておく。
2. ボウルに1を入れ、薄口しょうゆを加えて混ぜる。

ヴィシソワーズ　抹茶ソース

材料（作りやすい分量）

じゃがいも	1個
玉ねぎ	1/4個
コンソメ（固形）	1個
水	適量
牛乳	50ml
塩・こしょう	適量
抹茶	小さじ1
湯	30ml

作り方

1. じゃがいもと玉ねぎは皮をむき、粗いみじん切りにする。
2. 鍋に1とコンソメを入れ、ひたひたのところまで水を加えて中火にかける。
3. 野菜に火が通ったら牛乳を加え、塩・こしょうで味を調える。
4. 粗熱がとれたら3をミキサーに移し、なめらかになるまで攪拌する。
5. 抹茶をボウルなどに入れ、湯を加えて泡立てておく。冷やした4を器に入れ、お好みの量の抹茶をかける。

ティーポットと茶壷と急須

お茶を淹れるのに欠かせないもの

お茶をおいしく淹れる基本は、ティーポット（あるいは茶壷、急須）を使って茶葉を一定の時間抽出し、ポット内にお茶を残さずに、一度にカップに注ぎきること。これはどのお茶でも同じです。

ティーメジャーや茶こしなど、ほかにも道具はさまざまですが、やはりお茶を淹れるのに欠かせない道具はティーポットです。

中国では茶壷が、日本では緑茶などを入れるのに急須が使われています。陶器、磁器、ガラス、金属、縦長、横長など、材質も形もさまざまですが、いくつか紹介しますので、ポットについて考えてみましょう。

ティーポット

陶器や磁器、ガラス、金属などさまざまな素材で作られています。初心者にも使いやすいのは、磁器製のもの。銀など金属製のポットはにおいがつきやすく、手入れが難しいといわれています。ガラスの場合は、透明で中身が見えるため茶葉の状態を確認しながら抽出することができます。陶器は内側に釉薬が使われているものを選びます。

縦長のポットを使うと、紅茶の渋みが得やすくなります。

横に広い形のものは、渋みがないまろやかな味わいに。

茶壷《ちゃーふー》

中国語で急須のこと。明代以降、江蘇省宜興の紫砂《しさ》という陶器用の土を使って作られたものが質も高く、よく知られています。紫砂製の茶壷でお茶を淹れると、アクや渋みが吸収され、まろやかな味わいに。原料となる土や焼成温度の違いにより、色が異なります。

紫砂製のもの。使い込むとお茶の香りが茶壷に移り、お湯を入れるだけでよい香りがするとか。特に青茶などを淹れるのに最適とされています。

磁器。青茶や緑茶などどんな茶葉も淹れられます。丸みのある形のものを選ぶとよいでしょう。

急須

急須もさまざまな素材、形があります。それぞれメリットがありますが、炻器《せっき》という吸水性がほとんどない焼き物や磁器が扱いやすいでしょう。

磁器製の「横手型」。磁器は吸水性がなく、においが移りにくいため、さまざまな茶葉に使えます。横に持ち手がついている伝統的な形は、片手でも使えます。網も大事なポイント。手入れがしやすく、目詰まりしないものを選びましょう。

ステンレス製の「上手型」。落としても割れないので気軽に扱えます。上に持ち手がついているので、熱湯を入れても持ちやすい。

お気に入りのカップがあれば

色も形も豊富で、何個でも欲しくなる

ポットに続いて、お茶の時間に欠かせないのが、カップです。紅茶や中国のお茶、日本の煎茶用など、持ち手のあるもの、持ち手のないもの、ふたつきのもの、ソーサーつきのものなど、形だけでも色々あります。素材や色、絵柄の違いも考えると、さらに多様な種類があります。

有名ブランドのものやアンティーク、現代の作家さんの手によるものなど、星の数ほどのカップがあります。形状によって香りの感じ方が異なり、お茶の特徴をより感じられるものも。

そうしたポイントを押さえつつ、まずは自分の好みを見つけてみましょう。お気に入りのカップがあるだけで、お茶の時間が楽しくなります。

朝顔タイプと呼ばれる紅茶用のカップ。朝顔のようにカップの縁が横に向かって開いているので、より繊細に香りを感じられます。薄く作られているので、味わいも鮮明に感じられます。

チューリップタイプと呼ばれるカップ。こちらは上に向かって緩やかに縁が開いているので、香りが少しこもって感じられます。2色の組み合わせがロマンチック。

受け皿つきの茶杯。中国で吉祥文様とされている、蝙蝠《こうもり》と桃の絵が描かれています。

ふたつきの蓋碗《がいわん》。そのまま湯のみとしても、急須としても使うことができます。急須として使う場合は、ふたを少しずらして、茶葉が出てこないように注ぎます。そのため、ふたはぴったり合わないように作られています。

華やかな色彩と模様がかわいい蓋碗。ふたの裏側にも文字や模様が描かれています。この漢字は、縁起のいい字を組み合わせて作ったもの。よく見ると、宝や財、招などの字が。

ふたや受け皿だけでなく、器の中にも模様が。器を眺めるのも楽しいお茶の時間です。

色も模様も大きさもさまざまな茶杯。シンプルなラインだけのものや、カラフルな色が施されたものもかわいいですね。このほかにも、中国では品茗杯《ひんめいはい》、聞香杯《もんこうはい》というものもあります。淹れたお茶を聞香杯に注ぎ、次に品茗杯に移して飲みます。空になった聞香杯を使って、お茶の香りを楽しみます。

縦長の形をした筒茶碗。お茶が冷めにくいため、ほうじ茶などに使うのがおすすめです。玉露やかぶせ茶には、薄手の磁器製がよいでしょう。

ふたつきの茶碗はおもてなしに使っても。

汲み出し茶碗といわれるタイプ。口が広がっていて、背が低いタイプのものは、香りが立ちやすくなります。内側が白っぽいものだと、お茶の色がより楽しみやすくなります。

アンティークカップの世界

ずっと眺めていたい 繊細な美しさ

中国から西洋にお茶が伝わった初期は、現在のような持ち手つきのティーカップではなく、「ティーボウル」といわれる持ち手のないソーサーつきの茶碗が使われていました。

その後イギリスにお茶が伝わり、紅茶文化の発展と一緒に、さまざまなティーカップが作られ広まっていきました。

ティーカップの歴史を感じられるのが、西洋のアンティークカップ。価格はもちろん、その奥深さから敷居が高く感じられますが、現代と通じるようでやはり異なる繊細できらびやかな美しさは、一度は触れたい世界です。

P.92-95　協力＝英国アンティークス　http://eikokuantiques.com/

「マーロウ(初夏の野花)」。イギリスの名窯ミントンで作られたもの。英国の初夏の野花が散りばめられています。

20世紀イギリスを代表する陶磁器メーカーであるシェリーは、1966年に閉窯してしまい、年々貴重さが増しています。なかでも人気の高いデザイン「ワイルド・フラワーズ」のトリオ(カップ・ソーサー・プレート)。

ミントンの「バタフライ・スクエアー」。鮮やかなピンクとゴールドがかわいい。黄やピンクは作り出すのが難しいとされていますが、発色のよい作品です。四角い金彩に囲まれた蝶が特徴的。

イギリスの名窯スポード社の「マリタイムローズ」のカップ&ソーサーです。優しい水色の中に、くっきりとした白いエンボスのバラが咲いています。名窯スポードの技術を感じさせます。

イギリスのエインズレイ社製のフォーチュンカップ。紅茶を飲んだ後、カップに残った茶葉によって運勢を占うためのもの。紅茶占いは19世紀末のイギリスで大流行しました。

「花の描き師」とも称されるラドフォード窯によるフラワーハンドル。濃い褐色系の花が多いラドフォードでは珍しい花の描き方です。アールデコの時代らしい、モダンさがあります。

ティーハウスとティースタンド

専門店の味を体験してみる

お茶について調べる、茶葉やカップを選ぶ、お茶を丁寧に淹れてみる、家族や友人と話しながらお茶を飲む。お茶の時間の過ごし方はさまざまです。

ここでもうひとつ紹介したいのが、専門店に行くこと。紅茶やいわゆる「中国茶」「日本茶」といったお茶の産地や種類ごとに、あるいは総合的に茶葉を扱うお店が各地にあります。お茶と同じくティーハウスも個性豊かです。

茶葉の選び方について相談することもできますし、喫茶を併設しているところではお茶やお菓子を楽しむこともできます。最近ではより気軽なテイクアウト専門のティースタンドもあるので、お出かけがてら訪れてみましょう。

ティータイムのお供

お茶と同じく、自分のお気に入りを

最後に、お茶の時間に一緒に楽しみたいものを紹介します。それは、本や映画。『不思議の国のアリス』が有名ですが、お茶のシーンが描かれていたり、お茶が登場したりする作品は多くあります。映画では、物語の主役にはなっていなくとも、画面に小道具として映っていることがよくあります。

これも、世界中で親しまれ、長い歴史を持つお茶ゆえのもの。今も昔も、国や地域を問わず、暮らしに寄りそった飲み物です。

今日のティータイムは、本を読みながら、映画を見ながら楽しんでみませんか？

?
tea

PART 2
お茶をもっと楽しむ基礎知識

お茶とは何か? 種類は? 産地は?
おいしい淹れ方は?
知ることでお茶が好きになって、
お茶の時間がもっと豊かになる、
お茶の基本。

お茶とは？

カメリア・シネンシスの木から生まれました

お茶にはジャンルがありますが、素材はみんな「カメリア・シネンシス」というツバキ科の植物。「チャノキ」とも呼ばれます。

このチャノキの葉を酸化発酵させずに、炒ったり蒸したりしてから作るのが日本や中国で作られる緑茶。しおれさせながら軽く攪拌して酸化発酵を進め、そのあとに炒るのが中国などで作られる烏龍茶。しおれさせた後に揉みこみ、その後に酸化発酵を進める工程を設けるのが紅茶です。

同じチャノキから、工程の違いによって、さまざまな香り、味わいが生み出されるのです。

P.100-107　監修＝Tea Market G clef

お茶はどうやって育つの？

陽を浴びると渋みが、夜の冷気が甘みを育てる

お茶の風味は、気候風土によって作られます。チャノキは亜熱帯性植物。基本的に、一年中暖かで雨の多い地域を好みます。

チャノキは、日中、日差しを受けて光合成すると、カテキンやショ糖などを生成し、夜にそれらを消費します。カテキンは渋味につながる成分なので、日照時間が長い地域では渋味が強く、ほどよく日光が遮られる山間部では、カテキンの成分が少ない代わりに、うま味成分のテアニンが生成され、まろやかな風味になります。

また、植物は気温が下がると、糖類を体内に蓄える性質があるので、昼夜の寒暖差が激しい山間部では、甘味を含んだ茶葉になります。

お茶のパワー

風邪の予防や美容におすすめ

お茶は古くから薬としても親しまれてきました。カテキン類は、血液中のコレステロールの濃度を下げたり、血糖値の上昇を抑えたりする働きがあります。特に、紅茶、烏龍茶に含まれるカテキンのひとつテアフラビンには脂肪とコレステロールの吸収抑制効果があるそうです。殺菌・解毒作用もあり、梅雨どきは食中毒の予防に、乾燥する冬はお茶でうがいをすると風邪やインフルエンザの予防につながります。ビタミン類は、カテキン類の抗酸化作用と相まって、美肌作りにひと役。

大切なのは、毎日こまめに飲むこと。継続的に楽しむことで、その威力が発揮されます。

お茶と水

水とお茶の奥深い関係

お茶と水との関係は複雑です。一般に硬度が高い水で紅茶を淹れると、香りは立ちにくくなりますが、味はまろやかになり、水色は濃くなります。どんなお茶でもそこそこおいしく入る代わりに、突出した個性も出づらくなります。

反対に硬度が低い水で淹れると、香りが立ちやすい一方、渋みも引き出されやすくなります。茶葉の良し悪しが、反映されやすくなります。

多くのティーバイヤーは、消費地の水を想定して買いつけるため、茶葉と水を選ぶときには、地域の専門店のおすすめの紅茶を、地域の水で淹れるのもひとつの考え方といえるでしょう。

お茶をおいしく保つ方法

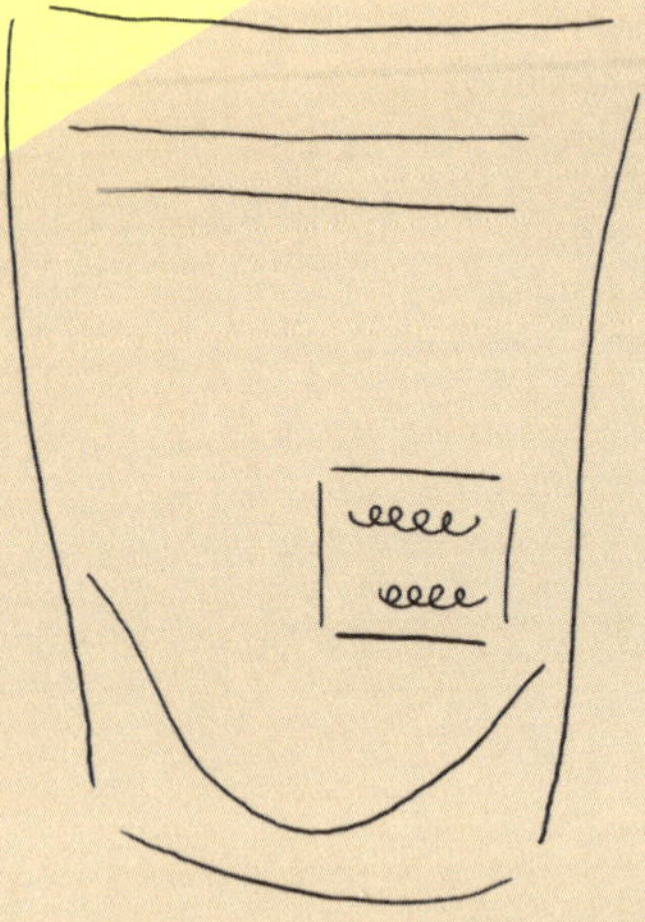

湿気や日光高温を避けて

お茶は、酸素や湿気、紫外線、温度、においなどの影響で、風味が劣化していきます。緑茶に比べると、発酵度が高く風味が比較的安定している紅茶は、保存しやすいお茶ですが、それでもこれらの影響は免れ得ません。

そのため、湿気や日光、高温を避けて保存します。専門店などでは保存容器に窒素を充填して密閉し、低温の場所に保管したり、マイナス18℃以下の冷凍庫へ保存したりすることも。

家庭では、ジッパーつきのアルミ袋など遮光性と密閉性の高い袋に茶葉を入れて、できるだけ空気を抜いて口を閉じ、温度変化の少ないところへ置くとよいでしょう。冷蔵庫や冷凍庫に入れると庫内のにおいの影響や、温度変化による結露などがあるため、おすすめできません。

お茶の歴史

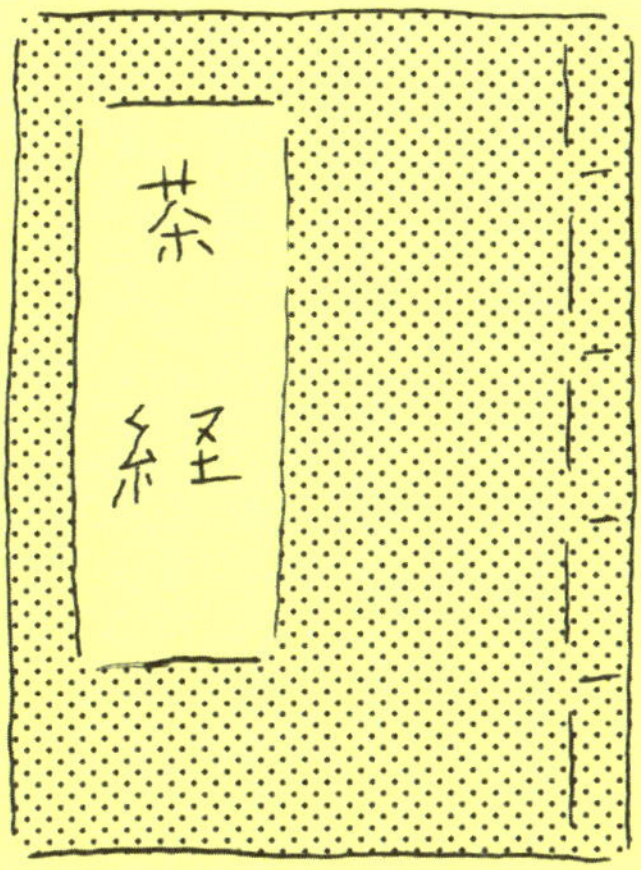

チャノキは諸葛孔明が伝えた?!

チャノキは中国の雲南省あたりや現在のミャンマー付近が原産とされ、今から約２０００年前頃に四川省を経由して中国に伝えられたといわれています。三国時代、蜀の諸葛亮孔明の南蛮討伐によって茶が中国に伝えられたという伝承もあり、孔明は雲南省では「茶聖」と崇められています。

唐代（7世紀〜）には一般的な飲み物となっていました。「茶聖」と呼ばれ、『茶経』をまとめた文筆家陸羽《りくう》は、当時、茶葉を蒸して固めた固形緑茶を粉にして煮出して飲んだそう。

宋代（10世紀〜）には、「散茶《さんちゃ》」と呼ばれる今日のような茶葉が登場し、町中に茶館が立ち並ぶように。

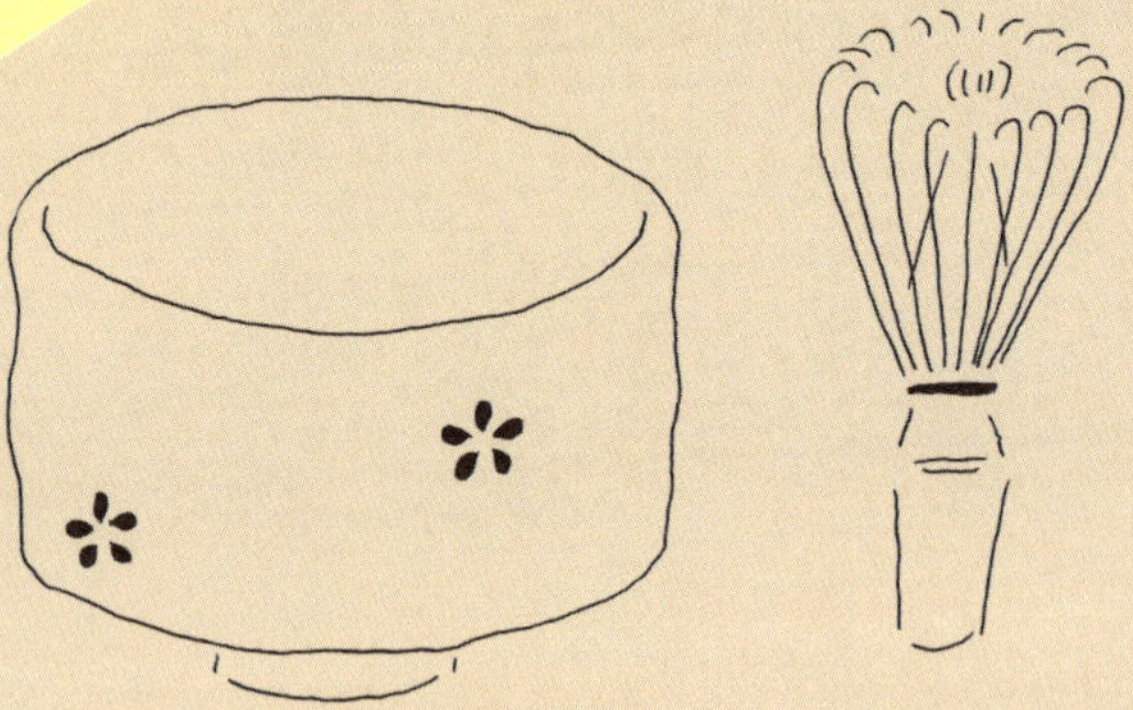

「不老長寿の秘薬」中国から日本へ伝わる

日本にお茶が持ち込まれたのは、奈良時代といわれています。遣唐使が往来していた時代、空海や最澄などの留学僧が、中国からお茶を持ち帰りました。平安時代には嵯峨天皇へお茶が献じられたとの記録もあります。

鎌倉時代に禅の修行で中国へ渡った栄西は『喫茶養生記』で、お茶を「不老長寿の秘薬」として紹介し、喫茶を奨励し広く普及させました。

お茶は、かつて一部の特権階級のものでしたが、室町時代後期から茶の湯の文化とともに武士、町民へと広がり、江戸時代には高価とはいえ、身分を問わずに煎茶が飲めるようになったのです。

見知らぬ土地への憧れを乗せて

日本から緑茶が初めて海を渡ったのは17世紀初頭。東インド会社を通してオランダへ運ばれ、かの地の王侯貴族の間で茶器とともに珍重されました。

やがて健康で長生きできる「東洋の神秘薬」としてオランダからイギリスへ持ち込まれたのです。

同じ頃、清代の中国では皇帝の庇護のもと多くの銘茶が生まれ、海外へ輸出されるようになりました。陸路で輸出されたお茶は「ＣＨＡ」、海路でヨーロッパへ輸出されたお茶は「ＴＥＡ」と呼ばれました。

中国から日本へ。日本からオランダ、そして英国へ。いずれも、見知らぬ土地への憧れと神秘性を携え、お茶は世界へ広まってゆきました。

お茶の種類

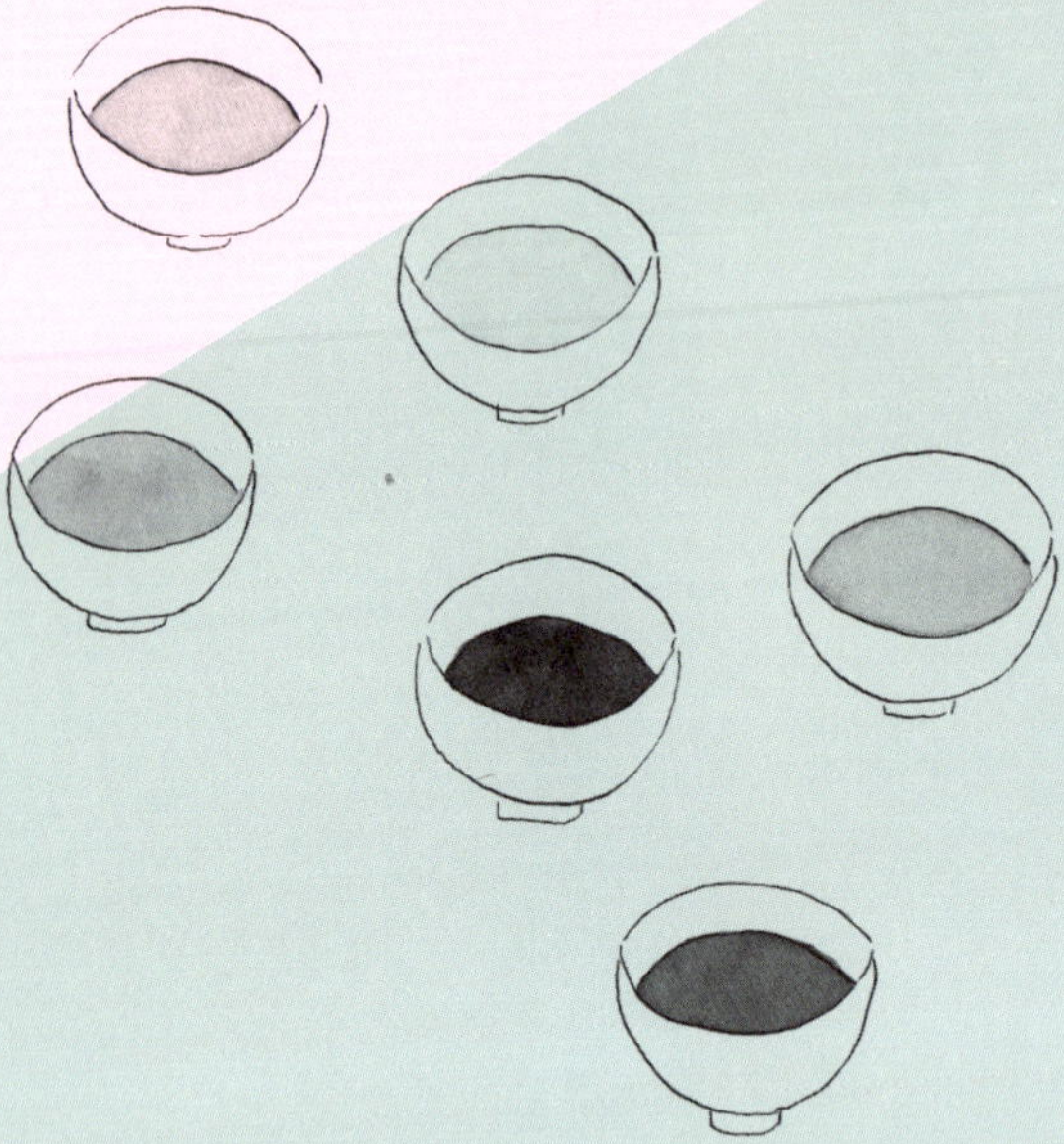

製造工程によって分類されています

お茶はすべてチャノキの葉を使って作られています。品種はさまざまですが、大きく「中国種」と「アッサム種」をルーツに持つ系統に分けられています。

いわゆる日本茶や中国茶は生産地のことで種類ではありません。ＩＳＯ規格や中国の「六大基本茶類」と呼ばれる分類法によると、品質とそれに伴う製造工程で分けられています。それが、「緑茶」「黄茶」「白茶」「青茶」「黒茶」「紅茶」。

この本では、お茶の世界を知り、より気軽に楽しめるよう、基本的な6つの分類別にお茶を紹介します。

お茶は奥深い世界ですが、かた苦しく考えず、お気に入りのお茶と味わい方を見つけましょう。

P.108-129　監修＝Tea Market G clef、遊茶、心向樹

緑茶

中国でも日本でも作られている緑茶。〃発酵〃の工程を経ないお茶です。緑茶は摘んだ葉をまず加熱することで、葉内酵素を失活させます。この工程を「殺青」といい、中国では「炒る」、日本では一般的に「蒸す」という方法をとることで、中国緑茶と日本緑茶の特色に違いが生じます。

「殺青」後、茶葉の水分を均一にすると同時に成形を行う「揉捻」を経て、乾燥させます。揉捻の工程を行うことで、成分がお湯に出やすくなります。

日本に喫茶文化が伝わったのは奈良時代、その後鎌倉時代に碾茶、現在の抹茶と同じ細かくしたお茶を飲む方法が伝わりました。16世紀頃に九州で明の陶工が釜炒り茶を作っていたといわれますが、江戸時代に明の僧が伝えたともいわれています。いずれにせよ、明の時代に伝わったようです。

日本でも釜炒り茶が作られており、数は少ないものの、主に佐賀県の嬉野や宮崎県の高千穂、五ヶ瀬、長崎県の彼杵など九州の産地が知られています。

“発酵”について

ここでいう“発酵”とは、「微生物によって引き起こされる物質の変化」という本来の発酵ではなく、「茶葉が葉内に有している酵素の活性により起こる化学変化」をいいます。
主な現象としては酸化酵素によるカテキンの赤色化、加水分解酵素による芳香物質の生成などがあります。
ここでは、酵素活性による現象を意味する場合は、本来の発酵と区別する意味で「“発酵”」と記載します。

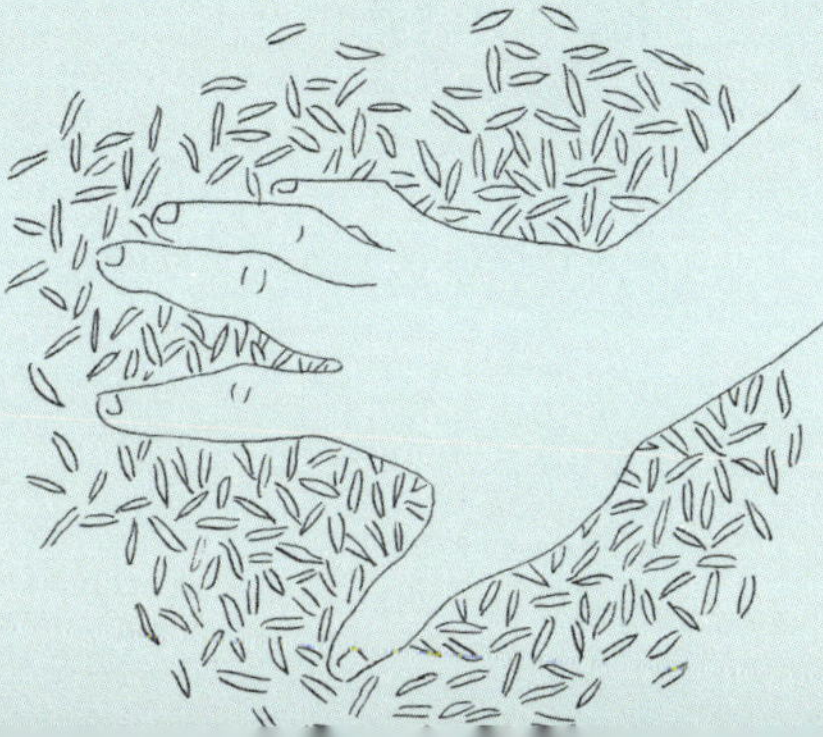

緑茶は〝発酵〟の工程がなく、内容成分の変化が小さいため、生の茶葉に近い、緑色をしているのが特徴です。日本緑茶の多くが細かい針状に成形されるの対し、中国緑茶は形状は針状のものから平たいもの、勾玉状のものなどさまざまです。

中国では、茶葉の芽のみ、あるいは芽と極めて若い葉から作るのが高級緑茶の条件とされ、摘み取りのタイミングが大変重要です。4月初旬の「清明節」より前に摘まれて製茶されたものがよしとされ「明前茶」と呼ばれます。

清々しく爽やかな香りと味わいで、淡い水色がはかなささえ感じる美しさです。知名度で群を抜く龍井や、産毛たっぷりな碧螺春。中国屈指の景観を誇る黄山で作られている黄山毛峰、白っぽい茶葉に緑色の葉脈が美しい安吉白茶など多くの種類があります。

グラスに直接茶葉を入れてお湯を注ぐ「グラス飲み」は、美しい茶葉の様子がつぶさに見られるのでおすすめです。

日本で作られるお茶の多くが、緑茶。

緑茶の中でも、製法や栽培方法、製造工程によりさらに煎茶、蒸し製玉緑茶、玉露、かぶせ茶、抹茶、番茶、釜炒り茶に分けられます。

最もなじみ深い煎茶は、針のような形とバランスのよい味わいです。蒸し時間によって種類があり、普通の煎茶の2〜3倍の蒸し時間のものを深蒸し煎茶といいます。長く蒸すため、渋みや苦みが抑えられた、まろやかな味わいに。葉の形状も細かくなります。「精揉」という工程を経ることで、針のような真っすぐな形になります。

高級茶の代名詞でもある玉露は、被覆栽培という栽培方法で、茶摘みの前に日光を遮ることにより、渋みが抑えられ、甘みが際立つお茶になります。製造工程は煎茶と同じ。かぶせ茶も同様ですが、玉露の被覆期間が3週間以上なのに対し、かぶせ茶は2週間ほどです。

釜炒り茶は少し触れたように、蒸すのではなく釜で炒って作ります。精揉の工程がないため、カールした形になります。

白茶

白茶は、お茶のなかで最もシンプルな工程で作られているといえます。摘み取った茶葉はまず屋外で薄く堆積して一定時間放置し、さらに室内に移行して三日三晩ほど、さらに放置を続けます。この放置する工程を「萎凋」といい、その後、乾燥させて仕上げます。

使用品種の特性に加え、製茶工程に「揉捻」がないため、でき上がった茶葉は「産毛」がちで、ふんわりした外観を呈します。生産地が限定的なため、生産量の少ない希少茶類といえます。

青っぽいハーブを思わせる、ナチュラルな風味のなかに紅茶に似た刺激が感じられます。

白茶類のうち、「白毫銀針」は、銀色の産毛に覆われた新芽だけを使った高級茶。清代中期から作られ始めたといわれています。

「白牡丹」は緑の葉と白い芽が混然一体となって、華やいでいるかのような様子を、牡丹に例えたといわれます。

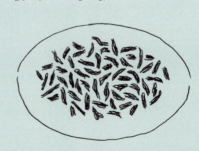

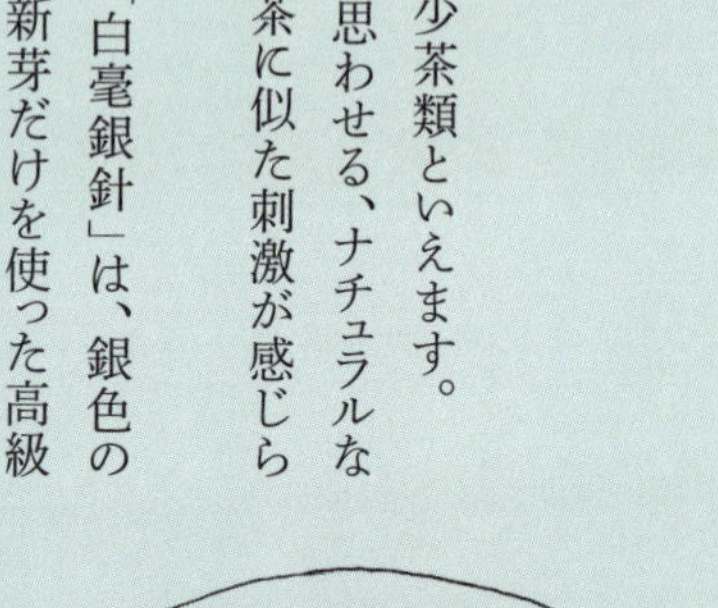

黄茶

黄茶は、殺青の工程で釜炒りし、揉捻した後に、「悶黄」という茶葉を密閉状態にして、あえて「ムレ」させる工程を経て作られるお茶。この工程を経ることで、うまみが効いたコクのある味わいが生まれるのです。

黄茶も生産量が少なく、かつては宮廷専用のお茶として知られる高級茶でしたが、現在でも希少なお茶です。

「君山銀針」は、湖南省の君山で、チャノキの新芽だけで作られます。黄茶の代名詞ともいえるお茶で、中国でも本物の君山銀針は、予約をしないと入手できないとか。淡い色合いからは想像できない、厚みのある優しい風味が特徴的。

「蒙頂黄芽」は四川省の蒙山を産地とし、「茶聖」陸羽や詩人の白居易も讃えた「名茶」です。ちなみに蒙山は世界で初めて、紀元前からすでに茶樹の人工栽培が始まった場所としてつとに有名です。

青茶

青茶は、茶葉を一定時間放置する「萎凋」と、その後、葉の撹拌と静置を繰り返す「做青」という工程で〝発酵〟を進めて作られます。

〝発酵〟の度合いに幅があり、一定ではないので部分〝発酵〟茶とも呼ばれます。

中国語で「青」はブルーではなく深い緑を指します。青茶の「青」も、この製法で作られた茶葉の多くが、濃い緑色を呈することからつけられています。

烏龍茶は青茶類に属する代表的なお茶の名称でしたが、現在は青茶に代わり、同じ意味で使用されています。

青茶(烏龍茶)は先述したように、〝発酵〟度がさまざまな上に、仕上げの焙煎具合によっても水色や香りが異なり多彩です。おおまかにいえば、茶葉が緑色の場合は花のような香りと爽やかなのど越し、赤っぽいものは甘い香りとメリハリのある味わい、茶色っぽいものは芳ばしい香りと濃厚な口当たりが特徴となります。

中国を代表する青茶(烏龍茶)のひとつが、福建省北部武夷山で作られる「武夷岩茶」。多くの伝説に彩られたお茶で、現在400を超える銘柄を有し、なかでも「大紅袍」は抜群の知名度を誇ります。

また、福建省南部を代表する青茶(烏龍茶)といえば、日本でもおなじみの「鉄観音」があります。岩茶が全般的に濃いめの色の茶葉に仕上げるのが基本であるのに対し、「鉄観音」は緑色から濃い茶色まで作り方にバリエーションがあります。広東省の「鳳凰単欉」は花や果実を思わせる華やかな香りを持ち80種前後の銘柄があります。

一方、台湾で作られるお茶のほとんどは青茶（烏龍茶）。いくつもの銘柄がありますが、まず筆頭に挙げられるのが「凍頂烏龍茶」でしょう。原産地の南投県凍頂山は、１８０年ほど前、福建省から茶樹と製茶技術が台湾に伝えられた最初の場所のひとつです。また、高山茶と呼ばれるお茶は、海抜１０００ｍ以上の高地で栽培・製茶されたお茶を指し、厳しい自然環境が香り高く、うまみの多い茶葉を育てます。代表的な産地としては、「阿里山」「杉林渓」「梨山」の３つの茶区があります。

青茶（烏龍茶）の飲み方はフレキシブルで、蓋碗や茶壷といった本格的な中国茶器以外にも、大ぶりの磁器製ポットや日本緑茶用の急須でも大丈夫。ただ、少し多めの茶葉にアツアツのお湯を注ぐのがポイントです。

黒茶

黒茶はその名前の通り、茶葉が黒っぽい濃い色で、水色も濃い赤茶色をしています。

六大基本茶類のなかで唯一、本当の発酵、すなわち微生物による変化を利用して作られる茶類です。

日本で入手しやすい黒茶といえば雲南省で生産されている「プーアール茶」があり、熟茶とも呼ばれます。ただし、「プーアール茶」には微生物発酵を経ずに仕上げたタイプもあり、熟茶タイプと区別するために、これを生茶と呼びます。生茶はいわば粗作りの緑茶といえます。なお、意外なことに、歴史的には生茶がプーアール茶の基本で、熟茶は文化大革命期に考案された製法です。

茶葉を緊圧して固形状に仕上げたものが主流で、円盤状のものを「餅茶」、ブロック状のものを「磚茶」といいます。ちなみに、ばらばらの状態になっているものは「散茶」と呼びます。

紅茶

最後に紹介するのは紅茶です。

紅茶は完全発酵茶や強発酵茶とも呼ばれますが、全ての紅茶が当てはまるわけではありません。

紅茶の製造工程の特徴は、〝発酵〟工程があることです。摘み取られたやわらかい茶葉は、最初にしおれさせて水分を蒸発させ（萎凋）てから、揉み込みます（揉捻）。こうして〝発酵〟を促し、涼やかな環境で茶葉を広げて〝発酵〟を進めます。この過程で、茶葉に黄色味、そして赤みが差し、紅茶の香りも生まれます。

あとは最も香りのよいタイミングで乾燥させて〝発酵〟を止め、必要に応じて篩にかければ完成です。

基本的には、「オーソドクス製法」と「CTC製法」の2つが主な紅茶の製法です。

オーソドクス製法とは、伝統的な製法で、揉捻の工程で自然に千切れる以外では、茶葉を千切らないもの。スリランカのように、揉捻の直後にローターバンという揉切の工程を入れたセミオーソドクス製法もあります。

一方、ＣＴＣ製法は、茶葉を千切った後に丸めて粒状にする製法で、より早く強い抽出ができるのが特徴です。

でき上がった紅茶のなかには、製茶後、ブレンドやフレーバリングを施されるものも少なくありません。メーカーや専門店が複数種類の茶葉を混ぜ、通年で安定した香味を提供するためにブレンド、フレーバリングが施されます。

また、セミオーソドクス製法やＣＴＣ製法で作られた紅茶は、ティーバッグや、ペットボトルなどの飲料を作るに用いられることも多く、これらの需要増加とともに生産量も増えてきました。

また、特に香りの高まる時期には、これらの用途ではなく、シングルオリジンの一点ものとして消費者のもとに届けられるものもあります。紅茶に限らず、お茶は産地や作り手、シーズンなどさまざまな条件により個性が異なります。同じ生産者が同じ製法で作ったものでも、日々風味が異なるのです。

PART3には紅茶のカタログもありますが、ここで主な紅茶の種類について紹介しましょう。

まずは、ダージリンから。ダージリンはシーズンごとに異なる風味や味わいを楽しむことができます。2月後半から4月はじめごろまでに摘まれるファーストフラッシュは爽やかな香り。セカンドフラッシュは、マスカットフレーバーに代表される華やかな香りが楽しめます。「紅茶のシャンパン」と呼ばれるようになった所以がこの時期の紅茶です。秋摘みのオータムナルは、やさしい甘みのある味わいで親しみやすい風味になります。

アッサムもファーストフラッシュから秋摘みまで収穫されますが、セカンドフラッシュがボディが強く、最上級とされています。ミルクティーにもよく向きます。

スリランカの多くの産地は、2〜3月がピーククオリティーを迎えます。明るい色でのど越しのよいヌワラエリヤ、美しい緋色のディンブラやキャンディ、濃厚なルフナなど、標高、産地によって風味が異なります。

数ある中国紅茶の代表「祁門紅茶」は、蘭の花の香りになぞらえられ、イギリスなどでも人気があります。また「正山小種（ラプサン・スーチョン）」という紅茶の元祖となるお茶も、近年再評価され、中国国内で高級品が多数流通しています。中国紅茶はほぼすべて、春茶が最上級とされています。

お茶の産地

お茶の需要は増加
生産量も増えています

世界で飲まれているお茶の産地は、赤道を挟んで北緯、南緯ともおよそ40度の範囲にあります。お茶の生産は年々増加していて、国別生産量では中国、インド、ケニア、スリランカが上位を占めています。ちなみに全世界で生産されてるお茶の約6割が紅茶、3割ほどが緑茶です。

近年、農産物を中心に「地理的表示」が進められています。これは、商品の個性や特徴といった品質が、その産地で生産されたことで持ち得る場合、当該商品価値を維持し、産地を保護するために設けられた制度。

中国では「龍井茶」を皮切りに、現在300近くの銘柄が「地理的表示」を行っており、インドのダージリンをはじめ、その他の国の茶産地でも進められています。

そんなお茶ごとに異なる品質の源である茶産地について、私たち日本人になじみのある国別に、まずは日本から見ていきましょう。

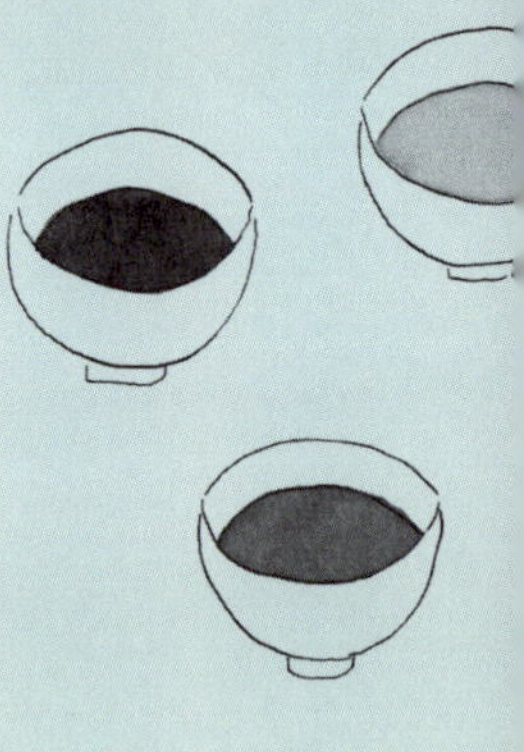

日本

お茶は暖かいところでの栽培が適した植物です。そのため、東北でもお茶は栽培されていますが、商品として流通しているお茶は、新潟以南の地域で作られたものが大部分を占めます。

日本の３大銘茶といわれているのが、静岡、京都の宇治、埼玉の狭山です。「色は静岡、香りは宇治よ、味は狭山でとどめさす」という言葉もあるほど。

なかでも、全国の生産量の約38％を占めるのが、安倍川水系と日照時間に恵まれた静岡県です。静岡茶は日本３大銘茶のひとつ。

お茶をこよなく愛した徳川家康との縁もありますが、なんといってもお茶の栽培に適した環境がその理由です。温暖な気候と、長い日照時間はお茶の栽培に最適。山間部や丘陵地帯だけでなく、県南の平野部でも栽培されていて、それぞれの地域で個性豊かなお茶が作られています。地域によって異なりますが、新茶の収穫は主に5月上旬に行われます。

県南は深蒸し煎茶発祥の地として知られ、北部の山間部では高級煎茶が作られています。ＰＡＲＴ３のお茶カタログでは、「本山茶」「川根茶」「掛川茶」などを掲載しています。

三重県は生産量第3位。特に県北で作るかぶせ茶の生産量は日本一で、県南では深蒸し茶が作られています。愛知県西尾市は全国でも知られる抹茶の産地。また、新潟県の「村上茶」は北限のお茶として知られています。

緑茶以外では、富山県のばたばた茶が有名。中国のプーアール茶と同じ黒茶で、ほのかな酸味が特徴。室町時代に伝わったとされる飲み方で、煮出したお茶を泡立てて飲みます。この泡立てる様子から「ばたばた」と名前がついたそうです。

石川県では、茎を使った「加賀棒茶」が有名。明治時代に、それまで製品として使っていなかったものを焙じて飲んだことから始まり、庶民の間で親しまれてきました。

次は、京都府。煎茶発祥の地であり、古くからお茶の栽培が行われてきました。昼夜の寒暖差と霧に恵まれ、鎌倉時代から知られる「宇治茶」をはじめ、高級煎茶が作られています。抹茶の生産高は日本一です。玉露の栽培で知られる、「被覆栽培（111ページ参照）」など、栽培・製茶の技術も多く開発され、全国へ伝わっていきました。

近畿地方では、宇治茶だけでなく、奈良県の「大和茶」、滋賀県の「朝宮茶」など9世紀初頭からといわれる古い歴史を持つお茶があります。

埼玉県で作られる「狭山茶」。関東はやや涼しい気候ですが、お茶の栽培が行われ、狭山茶をはじめブランドも多くあります。

埼玉県から東京都にまたがる狭山丘陵が最大の産地。狭山茶は大部分が煎茶で、5月上旬～中旬にかけて一番茶が収穫されます。やや強めの火入れで、香り高いお茶が生まれます。

ほかにも、茨城県の猿島茶や奥久慈茶、栃木県の黒羽茶などがあります。

地域に根づいたお茶が多いのが、中国・四国地方です。生産量は多くありませんが、煎茶以外にもさまざまなお茶が作られています。

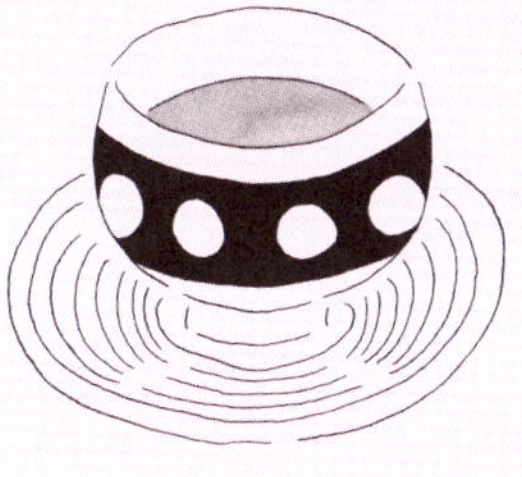

なかでも、徳島県の「阿波番茶」は、800年ともいわれる歴史を持ちます。山間地で生産され、一般的な番茶とは違い、一番茶を使用して作られています。新芽の時期ではなく、チャノキが成熟する夏まで待って摘み取ることから、「晩茶」とも表現されます。岡山県では枝ごと刈り取って作る「美作番茶」が知られています。高知県では、「碁石茶」と呼ばれる発酵茶が作られています。碁石の名は、葉を3cm角に切り出して作ることから。江戸時代には生産されていたようで、当時は茶粥に使われていたとか。

続いて、生産量の第2位、鹿児島県。日本列島の南端に位置するため、収穫時期が全国で一番早く、4月上旬に新茶をいただくことができます。コクと甘みに優れた「知覧茶」のほか、ブレンド用の茶葉も多く作っています。

九州は気候が温暖なため、鹿児島県以外でもお茶の栽培がとても盛んな地域です。日本のお茶の生産量の約4割を占めるほど。古くから朝鮮半島や中国との交流が深く、中国から伝わった釜炒り茶などのお茶が今も生産されています。

佐賀県では、釜炒り茶の栽培が盛んで、あっさりとした風味の「嬉野茶」の産地です。うまみ成分がぎゅっとつまった「八女茶」は、福岡県生まれ。昼夜の寒暖差が大きく、霧深いため、最高級の玉露が栽培されています

また、沖縄県では少量のお茶が作られていますが、琉球時代から飲まれている「ぶくぶく茶」など、伝統的な喫茶文化があります。

日本では緑茶の生産が主ですが、近年では、静岡県や茨城県、福岡県などをはじめ、上質な紅茶が作られています。

中国・台湾

広大な国土を有する中国ですが、チャノキが温暖で湿潤な気候を好むため、茶産地は東南部に集中しています。それでも茶園面積は世界最大。そんな茶産地を大河や山脈など、主に地形的な特色で4つの区域に分けたのが「4大茶区」です。

江北茶区は、長江の北側に位置する中国最北の茶区。平均気温が低いため、お茶を摘む時期が短いのが特徴です。昼夜の寒暖差が大きく、チャノキが有機物を貯め込みやすいので、うまみと香り成分を豊富に含んだ茶葉が育ちます。緑茶の生産が主でとりわけ「六安瓜片」「信陽毛尖」が有名です。

江南茶区は、長江の南側に広がり、最大面積を有する茶区で十数個の省を含みます。気温、降水量、日照時間、土壌などチャノキの成育に適した自然条件に恵まれ、経済効果の最も高い地域です。「龍井」「黄山毛峰」「碧螺春」などの有名緑茶の他、烏龍茶の王「岩茶」、世界3大高香紅茶「祁門紅茶」、黄茶の雄「君山銀針」など数々の銘茶を生み出しています。

西南茶区は、高原地帯中心に茶園が広がり、冬は寒すぎず、夏は暑すぎずと1年を通して穏やかな気候のエリアです。チャノキの原産地といわれ、樹齢数百年以上の古茶樹が多く存在しています。緑茶では「蒙頂甘露」「都匀毛尖」、黄茶の「蒙頂黄芽」、紅茶なら「滇紅」と多彩な顔触れが見られます。

華南茶区は、中国最南端の茶区。肥沃な土壌はチャノキの成育にうってつけです。温暖で雨が多く、「鉄観音」「凍頂烏龍茶」といった青茶や「英徳紅茶」などの紅茶のほか、黒茶の代表格「プーアール茶」「六堡茶」に加え、茉莉花茶の大産地を擁しています。

江北茶区の主なお茶

安徽省：「六安《ろくあん》瓜片《かへん》」「霍山黄芽《かくざんこうが》」

河南省：「信陽毛尖《しんようもうせん》」

江南茶区の主なお茶

安徽省：「黄山毛峰《こうざんもうほう》」「祁門紅茶」

福建省：「武夷岩茶」「白毫銀針」

湖南省：「君山銀針《くんざんぎんしん》」「湖南黒茶」

湖北省：「恩施《おんし》玉露」

浙江省：「龍井」「安吉白茶」

江蘇省：「碧螺春《びろちゅん》」

西南茶区の主なお茶

四川省：「蒙頂甘露《もうちょうかんろ》」「蒙頂黄芽《もうちょうこうが》」

貴州省：「都匀毛尖《といんもうせん》」

雲南省：「滇紅」「雲南沱茶《うんなんだちゃ》」

華南茶区の主なお茶

福建省：「鉄観音」「黄金桂」

広東省：「鳳凰単叢《ほうおうたんそう》」「英徳紅茶」

雲南省：「プーアール茶」

台湾：「凍頂烏龍」「東方美人」

広西壮族自治区：「六堡茶」

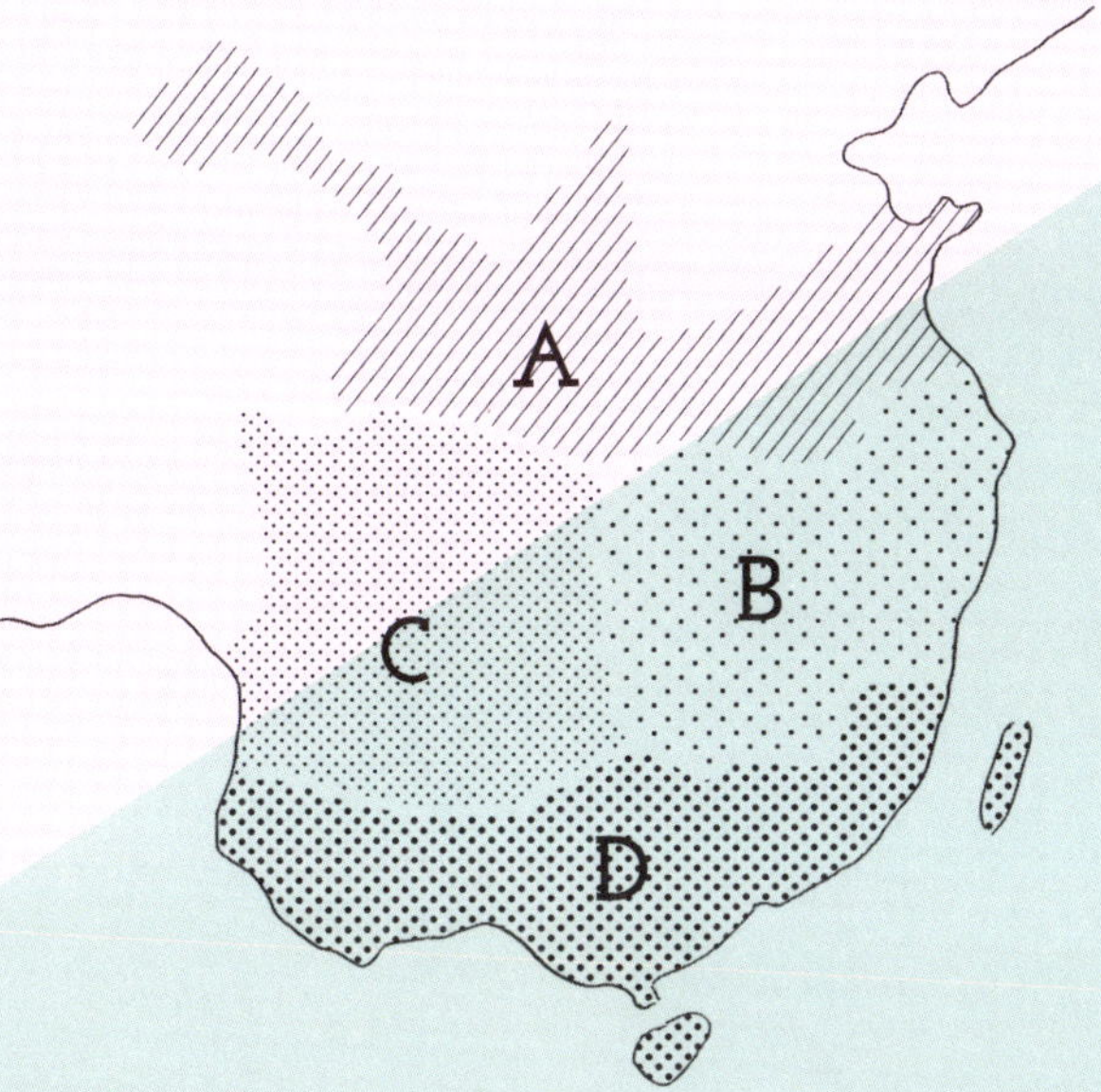

スリランカ

スリランカでは、イギリスの植民地だった頃は「セイロン」と呼ばれていたため、今でも輸出用の茶葉は「セイロン・ティー」と呼ばれています。

高い標高で作られるディンブラは、スリランカを代表する産地。爽やかな香りとマイルドな渋みがあり、オレンジがかった美しい真紅の水色が楽しめます。

19世紀末にサー・トーマス・リプトンが茶の栽培を始めた地域であるウバ。「ウバ・フレーバー」と呼ばれる、目の覚めるような香りが特徴です。

標高2000m近くの高地にあるヌワラエリヤは、植民地時代に避暑地として開発され、今でも街並みにイギリスの残り香があります。寒暖差が大きく、独特の香りを生み出す要因となっています。

ほかにも、スリランカで初めて商業的な茶園が作られたキャンディ、西南部の低地でミルクティー向けの濃厚な紅茶が作られるルフナなど、大きく7つの産地に分かれています。

熱帯気候であることから、1年を通して安定した気候と適度な雨量があり、1年を通してお茶が作られています。

P.126-129 監修＝Tea Market G clef

年に2回のモンスーン（季節風）により、雨季と乾季に分かれるのもスリランカの気候的特徴です。

紅茶は乾季にクオリティーがよくなるため、山岳地帯の東側にあるウバは7～8月、西側にあるディンブラは1～2月に乾季となります。

スリランカでは、山岳地帯を中心に紅茶が栽培されているため、標高によって次のように分類されます。

- ハイグロウン（高標高）…標高4000フィート（約1219m）以上
- ミディアムグロウン（中標高）…標高2000～4000フィート（約610～1219m）
- ローグロウン（低標高）…2000フィート（約610m）以下

標高によって風味が変わり、低地では深紅色の濃厚な紅茶、中標高ではハーブや花の香りの紅茶、高地ではのど越しのよいヌワラエリヤなど、爽やかな風味の紅茶が生まれます。

インド

紅茶の最大の産地は、インドです。生産量の半分以上を占め、高級なダージリンや深く強い味わいのアッサムなどで昔から知られてきました。

19世紀、イギリスが中国からの輸入に頼らず、自らの植民地で栽培するため、インドで紅茶の栽培が本格化しました。

ダージリン、アッサム、ニルギリの3大産地に加え、シッキム、カングラ、テライ、ドアーズ、ムナールといった産地でも生産されています。

世界一知られる紅茶といっても過言ではないダージリンは、意外にもインド北東部にある、とても小規模な産地です。インド国内の生産量でもわずか1％ほどを占めるだけ。模倣品などが多く出回るため、地理的表示によって保護されています。

高い標高の産地で、寒暖差や冷涼な霧によって「香りの紅茶」ともいわれるダージリンティーが生み出されています。

ダージリンでは1年に3回の旬（クオリティーシーズン）があり、春先の新芽を摘んで作られる「ファーストフラッシュ」、5月頃に再び芽吹いた新芽を摘んで作る「セカンドフラッシュ」、モンスーンの後雨季を経て10～11月に作られるのが「オータムナル」です。それぞれ味わいが異なるので、自分の好みを見つけてみましょう。

アッサムはインド北東部にある州で、インドの年間生産量の約半分を占める一大産地です。

アッサムでお茶の商業的な栽培が本格化したのは、19世紀中頃。「インド茶産業の父」とされるブルース兄弟が、この地に自生していたアッサム種を使用し始めたことで、中国以外で初めて紅茶の商業生産が始まったのでした。

肥沃な土壌をもたらすのが、5～10月のモンスーンによる川の氾濫です。チャノキが冠水するほどの洪水に見舞われる年もあります。

大型茶園で見られるのが「シェードツリー」と呼ばれる木です。これはチャノキに影を落とすためのものです。ブルース兄弟がアッサム種を発見した際にも、茶樹は樹陰を利用して成長していたそうで、そのとき以来の伝統でしょう。

アッサムティーは、力強い味わいと「モルティ」と評される穀物のような香りが特徴です。

ダージリンと同じファーストフラッシュ、セカンドフラッシュ、オータムナルに加え、7～8月頃の雨季の紅茶、「モンスーン」があります。

また、9割以上がCTC製法で作られています。

お茶の基本の淹れ方

紅茶、いわゆる中国茶や日本茶、それぞれの専門店の方に、基本の淹れ方を伺いました。実はお茶を淹れるのは難しくないのです。ポイントを押さえて、おいしいお茶を楽しみましょう。

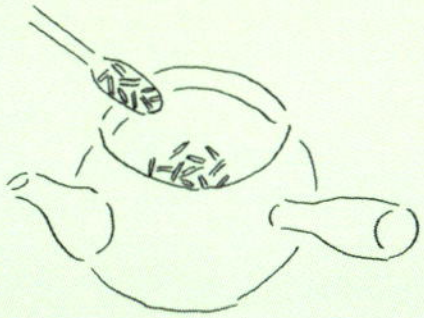
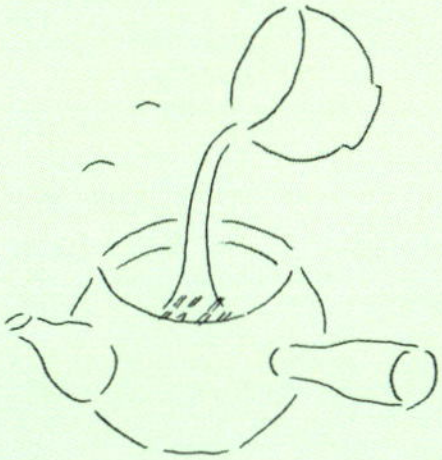
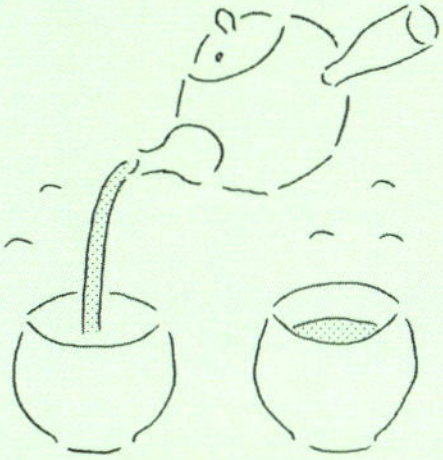

紅茶

紅茶は沸かしたてのお湯で

まずは、茶葉とお湯の量、抽出時間を計ること。目安はそれぞれの紅茶のパッケージなどに書かれています。

特に大事なのは、沸かしたての熱いお湯を使うことです。お湯の中の酸素の量で香りの立ち方は変わります。水中の酸素は温度が上がると減っていくため、沸騰後も過熱し続けたり、再加熱したりしたお湯は酸素が少なくなっています。そのため、水を汲んで沸かしたてのものを使うのです。

また、ポットとカップを温めるのも重要。お湯を注ぐときは茶葉に直接当てず、ポットの側面に当たるようにします。そして、できれば一度に注ぎきることです。

P.132-139　監修＝Tea Market G clef

基本の淹れ方

1

お湯を沸かし、ポットに注いで温める。ポットが温まったら、中のお湯をカップに注ぎ、カップを温めておく。

2

ポットに計量した茶葉を入れ、お湯を注ぐ。

3

茶葉ごとの目安に合わせて、一定時間抽出する。

4

カップのお湯を捨てて、紅茶を注ぎ入れる。複数のカップに注ぐときは、一度別の容器に注ぎきってから均等に分けるとおいしい。

アイスティー

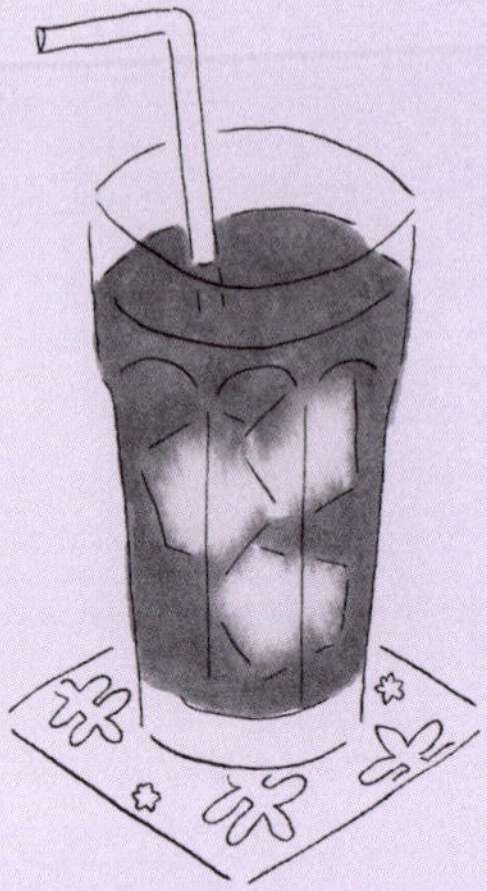

とにかく急冷することが大切です

暑い季節においしいアイスティー。まずは温かい紅茶を冷やして作る方法を紹介します。

注意したいのが「クリームダウン」と呼ばれる現象。温かい紅茶に氷を入れて冷ますと、白く濁ってしまうのです。見た目はもちろん、味にも関わるため、クリームダウンが起こらないようにしなければなりません。

ポイントは、とにかく急激に冷ますこと。急冷することで風味が落ちず、おいしいアイスティーができます。

この方法は、ディンブラやアールグレイなどの茶葉におすすめですが、どの茶葉でも手軽にできる「水出し」もよいでしょう（60ページ参照）。

アイスティーの淹れ方

1

P.133を参照し、熱湯で紅茶を淹れる。急冷する際に氷を入れるので、茶葉の量に対して目安の3/4量のお湯で濃い目に淹れる。

2

一定時間抽出し、別の容器に注ぎきる。

3

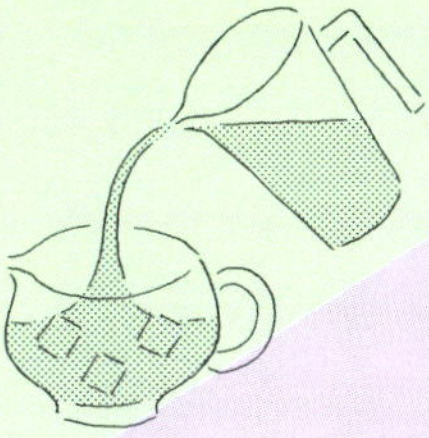

口の広い容器に氷を入れ、2を注いで急冷する。全量を入れずに、少量ずつ入れて冷ましてもよい。

4

グラスに注いでいただく。

ミルクティー

多めの茶葉で しっかり抽出する

おいしいミルクティーには、濃厚な味わいと渋みやコクのある茶葉がおすすめです。ＰＡＲＴ３で紹介しているアッサムやルフナや、茶葉の細かいもの（等級はＢＯＰＦ）などもよいでしょう。茶葉が細かいと、しっかり抽出されるため、牛乳に負けない味わいが楽しめます。

使う牛乳は温めないほうがタンパク質が変性しませんが、牛乳を常温に戻すか、電子レンジのミルク温め機能を使うと、紅茶の温度も下がりません。

少し多めに茶葉を用意し、しっかり抽出を。ティーポットに入れたまま、濃くなってしまった紅茶を使うのもよいでしょう。

ミルクティーの淹れ方

1

P.133を参照し、目安より少し多めの茶葉を使い、熱湯で紅茶を淹れる。

2

牛乳を常温に戻すか、電子レンジのミルク温め機能で加熱する。

3

しっかり抽出したら、カップに紅茶を注ぐ。

4

2の牛乳をカップに加える。

等級（グレード）って何？

茶葉の大きさと形状を示しています

紅茶のパッケージには「BOP」「TGFOP」などの記号が記されています。これは紅茶の等級を表すもの。

等級は19世紀には、チャノキのどの部分を使っているかということと、品質を表していました。しかし、今では中国を除いて、茶葉の大きさや形状を示しています。大きさを基準にしているため、抽出時間の目安にもなります。

大きくわけると、長さ1㎝ほどの大きめの茶葉を表すもの（FTGFOP1、TGFOPなど）、長さ2㎜ほどの細かい茶葉を表すもの（BOP、BOPFなど）、中間のサイズを表すものがあります。

生産地ごとに異なる等級区分

スリランカではセミオーソドクス製法が中心なことから、茶葉のサイズが小さい等級であるＢＯＰなどが主流となっています。

インドでは、産地によって等級の考え方が少しずつ異なり、さまざまな等級が付されています。さらにある程度は茶園の自主性にもゆだねられるため、作り手によっては、同じサイズでも等級の表記が異なる場合があります。

中国ではほかの産地と異なり、品質も加味した上で茶種ごとに厳格に等級が付与されます。ベーシックな紅茶は、芽の大きさ、硬さ、色艶、味わい、香りなどを総合して、特級、1～6級に区分されます。ただし、工夫紅茶と呼ばれるプレミアムティーなど国内で流通する品のなかには、この等級とは違った価値観で値付けされているものも少なくありません。

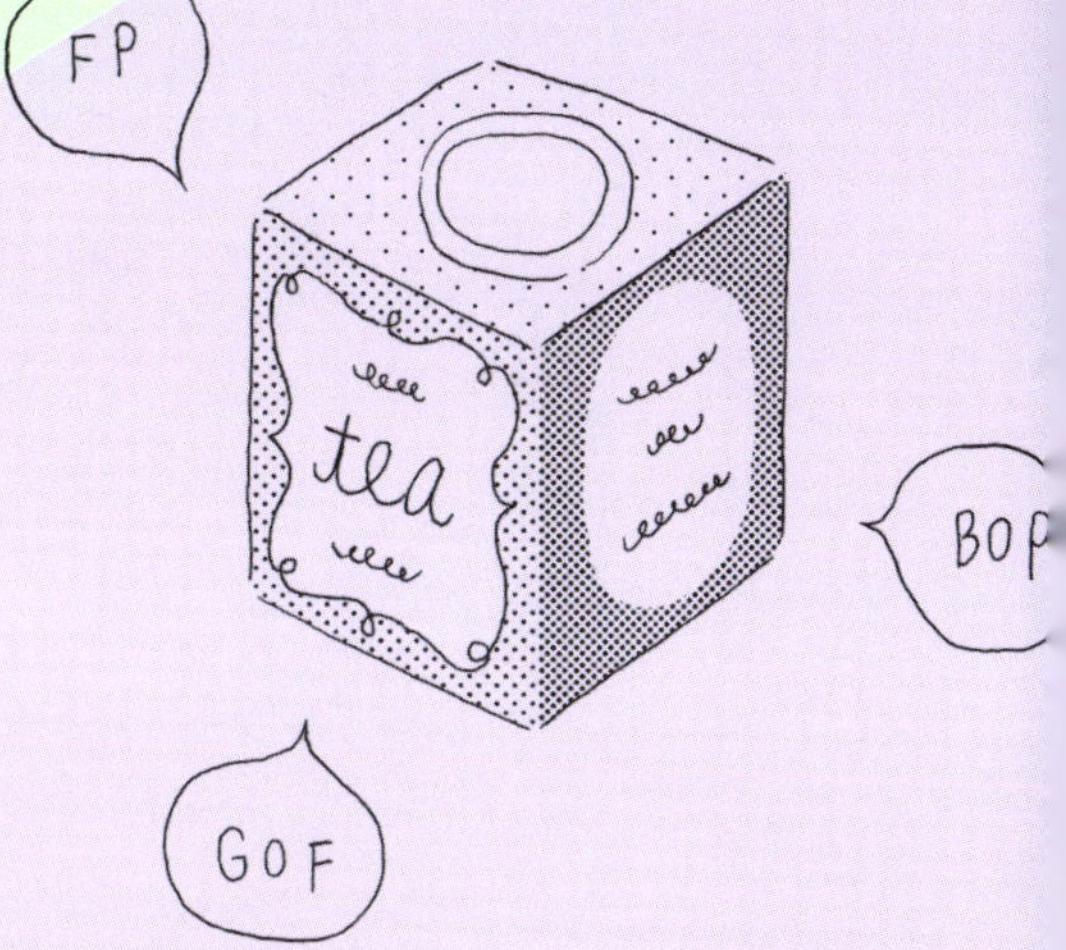

グラスで淹れる

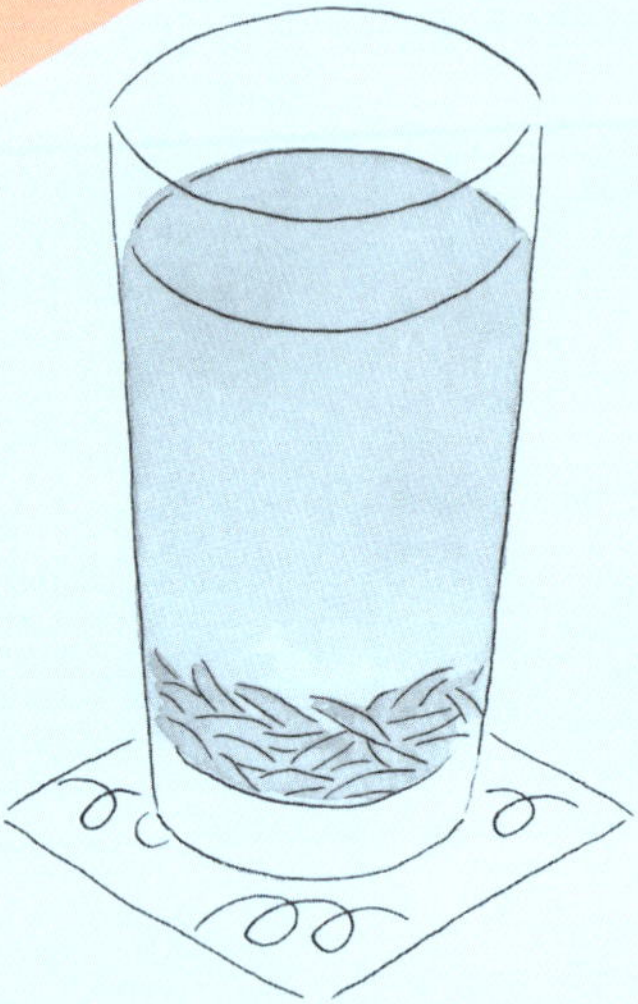

驚くほどかんたんで しかもおいしい

今まで見てきたように、中国・台湾のお茶は実に多彩。茶類別、銘柄別に適した淹れ方が異なるのは、いうまでもありません。

一方、お仕事中に時間をかけてお茶を淹れるのは現実的ではありませんし、家庭にティーポットや急須の用意がない場合も。

でも、ご心配なく。耐熱グラスひとつでかんたんに淹れる方法があります。どんなお茶にも応用可能ですが、茶葉の様子がつぶさに見られることと、開口部が広く湯温が下がりやすいので、美しい外観を有する高級緑茶、黄茶、白茶に向いています。

P.140-149　監修＝遊茶

基本の淹れ方（グラス）

1

耐熱性のグラスを用意し、お湯で温める。お湯を捨て、温まったグラスに茶葉を入れる。

おいしく淹れる目安

ここでご紹介するどの淹れ方にも適用可能な目安です。慣れてきたら、茶葉の種類や好みに合わせて調整してください。

・お湯100ccに対して茶葉1g
・お湯の温度は
　青茶、紅茶、黒茶は90～100℃
　緑茶、黄茶、白茶は85～90℃

2

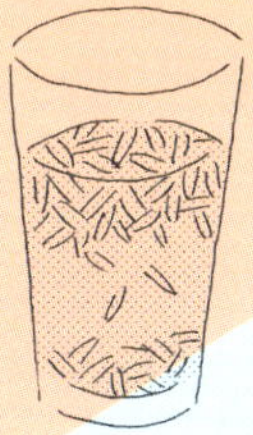

お湯を注ぎ、茶葉が軽く開いたら飲み頃。

お湯を注ぎ足す場合

グラスの半分くらいまで飲んだら、お湯を注ぎ足す。しばらく飲まない場合は、茶葉に対してひたひたの湯量を残し、グラスの開口部をティッシュなどで軽く覆っておき、次に飲む直前にお湯を注ぎ足す。

蓋碗《がいわん》で淹れる

1個は持っていたい
万能な茶器

蓋碗とは、ふた付きの茶碗のこと。多くは受け皿とセットになっています。碗に直接茶葉を入れてお湯を注ぎ、茶葉が広がった頃、蓋をずらして碗との隙間からお茶水を「啜り飲む」……というのが本来の使い方。

ですが、急須のようにお茶を淹れることもできます。ひとつ持っていると便利な、オールマイティーな茶器です。

ここでは急須のように使って淹れる方法を紹介します。先にご紹介した「啜り飲む」方法と基本は同じですが、碗から直接啜るのではなく、茶水を杯に注いだ後、杯からいただきます。

複数人数に淹れる場合は、杯に入れる前に一旦ピッチャーに注ぎ出して、茶水の濃さを均一にしてから、各杯に分けるといいでしょう。

コツをつかむまでは少し大変ですが、慣れればどんなお茶でも手軽に、しかもおいしく淹れられるので、おすすめです。

基本の淹れ方（蓋碗）

1

蓋碗をお湯で温め、お湯を捨てる。茶葉を入れ、お湯を注ぎ入れる。

2

ふたをして1、2煎目は1分前後、3煎目以降は各煎ごとにプラス30秒から1分を目安におく。

3

ふたをずらし、隙間を作り杯に茶水を注ぐ。茶漉しをかませると、茶水がよりクリアに。このとき、蓋碗には茶水を残さない。

複数人で飲むときは

複数人数に淹れる場合は、まずはピッチャーに注ぎ濃度を均一にしてから、各杯に分ける。

紫《し》砂《さ》茶《ちゃー》壺《ふー》で淹れる

一度は使ってみたい憧れの茶器

最後に、茶壷、いわゆる急須で淹れる方法を紹介します。素材はさまざまですが、紫砂《しさ》という土で作られたものは保温性に優れているので、高温で淹れるとおいしいお茶、例えば青茶（烏龍茶）、紅茶、黒茶などに向いています。また、茶水の香りや滋味を吸収しやすいため、お茶の風味ごとに異なる茶壷を充てるのが理想的です。

中国茶の世界では、この紫砂の性質を利用して、よりおいしいお茶を淹れられるよう、茶壷を鍛錬していく「養壺」という楽しみがあります。時間をかけて丁寧に使い込まれた紫砂の茶壷は、それ自体が香ってくるとか。

使い始めに少し手間がかかったり、その茶壷の個性が茶水の風味に影響したりと、扱いはかんたんではありませんが、中国茶を淹れるのであれば、ぜひチャレンジしていただきたい茶器です。。

基本の淹れ方（紫砂茶壷）

新品の紫砂茶壷は、使い始める前に茶葉入りの濃い茶水に3日以上漬け込んで、土の香りを抜きます。

1

ほぼ土の香りが抜けた茶壷をお湯で温め、お湯を捨て茶葉を入れる。

2

お湯を茶壷の口のところまで注ぐ。

3

さらに保温をしたい場合、ふたをして、上からお茶をかける。1、2煎目は1分前後、3煎目以降は各煎ごとにプラス30秒から1分を目安におく。

4

杯に茶水を注ぐ。茶漉しをかませると、茶水がよりクリアに。このとき、茶壷に茶水を残さない。複数人数に淹れる場合、まずはピッチャーに注ぎ濃度を均一にして、各杯に分ける。

工夫《くんふー》式

あえて手間暇をかけて楽しむ、至福の一服

最後に「工夫式」について紹介しましょう。「工夫」とは、そもそも「時間」を意味することばで、そこから「時間をかける」「手間をかける」「技量を尽くす」などの意図に転じていきました。ですからお茶を「工夫式」で淹れるというのは、手間をかけ丁寧においしく入れるということであって、何らかの型や方式を指すわけありません。

「工夫式」淹れ方の起源は広東省の潮州とも、福建省ともいわれ、明確な特定はできないようですが、この両地域はいずれも青茶（烏龍茶）の生産地です。明代から清代にかけ、新たな茶類として登場した青茶（烏龍茶）は、それまで圧倒的多数を占めていた緑茶とは異なる品質を有する茶類であり、適した淹れ方にも違いのあって当然だったといえるでしょう。

ちなみに「茶芸」は、この「工夫式」を基とし、日本の茶道を参考に、やはり青茶（烏龍茶）の大産地である台湾から発生したものです。

現在、「茶芸」は青茶（烏龍茶）に限らず、あらゆる茶類において存在しますが、日本の茶道のように明確な型や流派を形成するには至っておらず、淹れ方にはかなり自由度があります。

ただし、かなりの種類と数の茶器を使用しますので、少々ハードルの高い淹れ方ではありますが、日本にも中国茶や台湾茶の専門店などで教室を開催していますので、一度は習ってみるのもいいかもしれません。

花茶《はなちゃ》って何？

ジャスミンなど
花の香りを移したお茶

「花茶」とは、茶葉に花の香りを吸着させたお茶のこと。乾燥させた花そのものや、それらの花を単に茶葉にブレンドしたものは「花茶」とは呼びません。

ベースとなる茶葉は、花の香りを邪魔しない、優しい風味の茶類が好ましく、中国では緑茶や白茶が主体で、それら茶類の生産がほとんどない台湾では、軽いタイプの青茶（烏龍茶）を使用します。

また、原料となる花は香りが明確で、劣化しにくいものが好ましく、その代表がジャスミンであり、中国では「花茶」といえば、ほぼジャスミン茶を意味します。

ジャスミン茶の製法は実に時間と根気の要る作業。まずはその日の夜に開花しそうなジャスミンの花の蕾を昼間のうちに摘み取り、工場でベースとなる茶葉に混ぜ込みます。ひと晩中、一定時間ごとに茶葉と花を撹拌しながら翌朝、枯れた花を取り出して廃棄する……という作業を何回か繰り返して、ようやく完成します。

この回数が多ければ多いほど、香りの高いジャスミン茶になりますが、茶葉の吸着能力や各回ごとに行われる乾燥作業で受けるダメージなどを考慮すると、7回くらいが限度といわれています。

緑茶

お湯は適温まで下げて淹れます

煎茶や玉露などに代表される日本の緑茶。茶葉の種類ごとにお湯の適温は異なりますが、低い温度のお湯で淹れるのがポイント。ただし、番茶やほうじ茶などは熱湯で淹れましょう。

煎茶の淹れ方を紹介しますが、深蒸し煎茶、蒸し製玉緑茶、かぶせ茶も同様に淹れることができます。

煎茶の適温は70～90℃、玉露は50℃、釜炒り茶は80～90℃です。お湯はしっかり沸騰させてカルキ臭を抜き、冷まして使います。別の容器に移し替えて冷ますのがおすすめ。お湯は1回移し替えると5～10℃低くなります。70℃の目安は我慢して茶碗を持てるくらいの熱さです。

P.150-159　監修＝心向樹

煎茶の淹れ方

1

沸騰させたお湯を冷まし、ピッチャーなどに入れる。人数分の茶碗に注ぎ分け、またピッチャーに戻す。

2

温めた急須に、計量した茶葉を入れる。

3

1のお湯をそっと注ぐ。茶葉がひたひたになるくらいが分量の目安。ゆすったりせず、静かに抽出する。2煎目を楽しむために、ふたを少しずらしておく。2煎目以降は、高い温度のお湯でさっと淹れる。

4

茶葉ごとの目安に合わせて、一定時間抽出したら、茶碗に量と濃さが均等になるように廻し注ぎをして、注ぎ分ける。

水出し

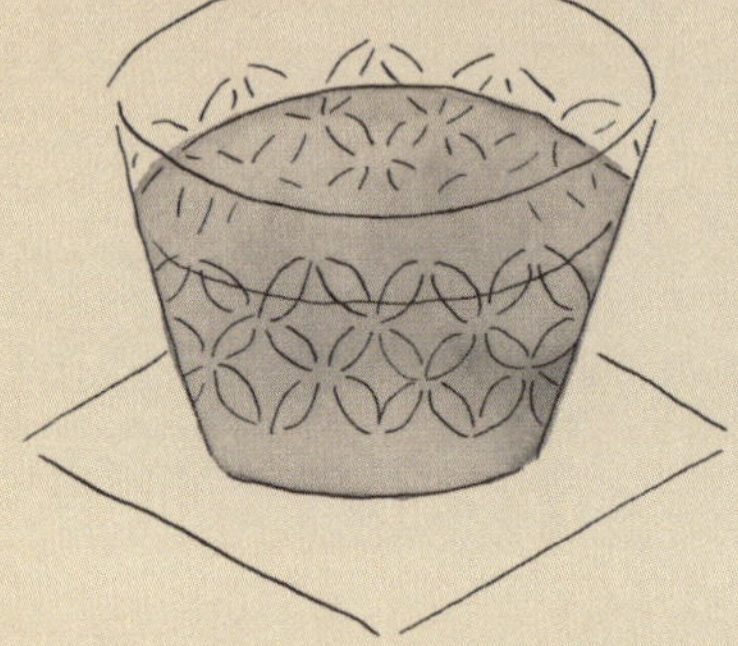

緑茶の持つ おいしさを味わう

じつは冷たいお茶は、緑茶を味わうのに適した方法です。それは、低い温度で淹れるから。

少量のお湯に氷と水を足して淹れる方法や、ここで紹介する水出しもありますが、低い温度で淹れると渋みが出にく く、うまみや甘みはしっかり出るのです。

茶葉に直接氷だけを入れて抽出する、氷出しという方法もあります。溶ける氷のしずくでじっくり抽出します。特に上質なものを使うときに試してみましょう。

ペットボトルなどで冷たいお茶は身近な存在ですが、たまには自分で淹れてみるのもおすすめです。

水出し式の淹れ方

1

急須に計量した茶葉を入れる。茶葉がしっかりつかるくらいに水を注ぐ。

2

一定時間抽出し、茶碗やグラスに注ぐ。グラスに氷を入れていただいても。

冷茶がもっと気軽に

急須で淹れる方法だけでなく、最近では茶こしやメッシュフィルターのついたボトル型の水出し容器が販売されています。茶葉と水を入れたら冷蔵庫などに入れて待つだけ。忙しいときでもお茶を楽しむことができて便利です。

ほうじ茶

お湯が冷めないうちに淹れるのがポイント

茶葉を炒って作るほうじ茶。香ばしい独特の香りと、カフェインが少ないため子どもでもがぶがぶ飲める点で人気ですね。ほうじ茶の香りを楽しむには、熱湯で淹れることが大切。お湯を沸騰させたら、冷めないうちに淹れましょう。

煎茶などは2煎目も楽しめますが、ほうじ茶の場合は茶葉を替えて淹れましょう。

ほうじ茶と同様の方法で淹れられるのが、番茶や玄米茶などのお茶。同じように1煎ずつ茶葉を替えて楽しみましょう。

ほうじ茶の淹れ方

1

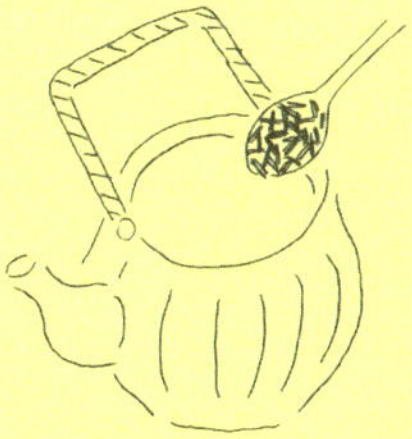

計量した茶葉を急須に入れる。保温性の高いものを使うと、よりおいしく淹れられる。

2

沸騰させたお湯を冷めないうちに注ぐ。

3

一定時間抽出し、茶碗に均等に注ぎ分ける。

番茶はヤカンで淹れても

番茶はほうじ茶と同様に淹れられますが、ヤカンを使って煮出してもよいでしょう。沸騰したお湯に茶葉を入れ、弱火で抽出します。冷まして飲んでもおいしい。

粉茶って何？

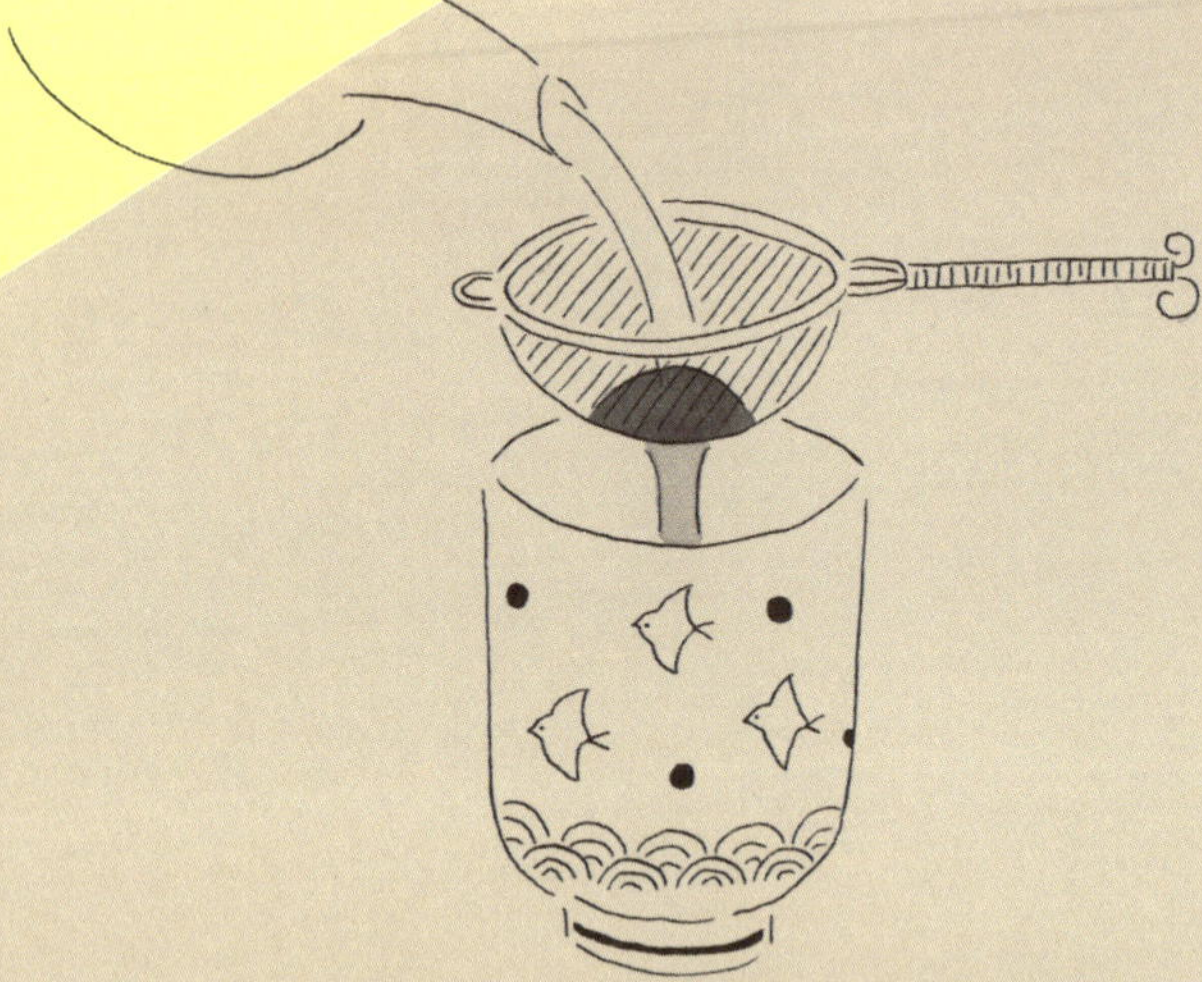

「出物《でもの》」のひとつ味わいは一級品

煎茶や玉露を作る過程でできたものを、「出物」と呼びます。形はいわば規格外ですが、味わいは一級品と同じ。野菜のように、規格外は少し安価な値段で出回りますので、生産者の方には申し訳ないものの、お求めやすさも魅力です。

お寿司屋さんの「あがり」でおなじみの粉茶は、細かい茶葉を集めたもの。茶こしに直接茶葉を入れ、熱湯をさっとくぐして淹れます。パウダー状なので、抽出するよりもダイレクトに、お茶のうまみや成分を余すことなくいただけます。同様に、芽を集めたものを「芽茶」、茎を集めたものを「茎茶」と呼びます。

茶柱って何?

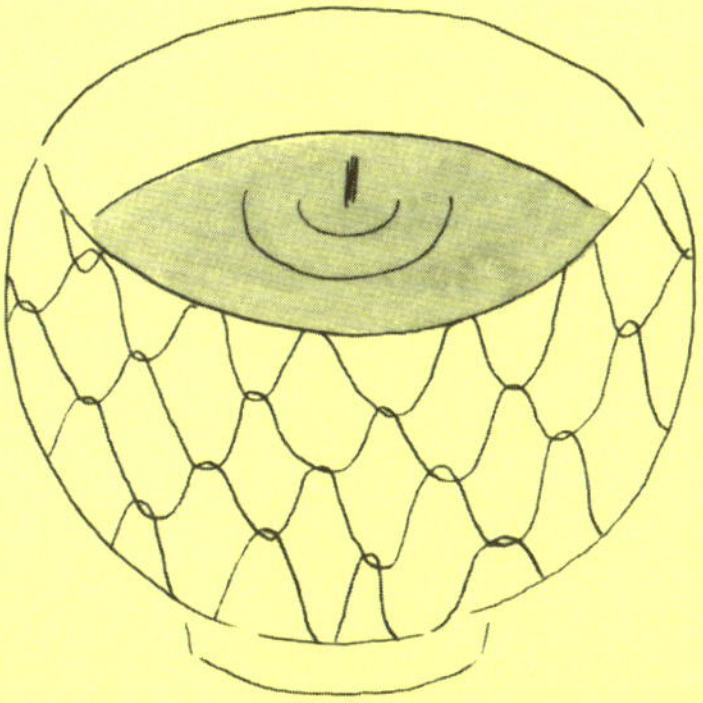

こちらも出物 縁起がよいとも

お茶碗の中ですっと立つと、縁起がよいといわれる「茶柱」。こちらも「出物」のひとつで、正体は茎です。

昔は手作業で形をより分けていたので、煎茶を作るときに稀に茎も紛れこんでいました。機械を導入した今では、そう紛れることもなく、さらに淹れるときには、土びんなど茶こしの目が粗いものを使うことも少なくなり、急須の茶こし部分にひっかかってしまうので、滅多にお目にかかれなくなりました。

ちなみに、繊維質の強い「茎茶」や、先端がくるりと丸まった「芽茶」は、抽出する時間は長め。ぬるめの温度で、じっくりと成分を抽出させましょう。

八十八夜って何？

その年最初の茶摘みの合図

立春から数えて88日目を、旧暦で「八十八夜」と呼びます。現在の5月2日前後にあたり、お茶摘みがはじまる合図。温暖な南から北へ向かい、「新茶」が出回ります。

冬の間に根や茎にたっぷりと栄養分を蓄え、まだ弱い春の日差しの下でゆっくり成長するので、「新茶」にはうまみ成分のテアニンがたっぷり。一方、夏の強い日差しの下、新茶よりやや短い時間で成長し、夏から秋にかけて収穫するお茶を「番茶」と呼びます。「新茶」に比べてうまみは多少劣りますが、その分カテキン類が豊富。お求めやすく、刺激的な渋みは食後に最適です。

茶外茶《チャガイチャ》とは

チャノキ以外の植物を使って淹れる飲み物

「〇〇茶」と呼ばれながら、チャノキ以外の植物を使って抽出した飲料を「茶外茶」といいます。

ハーブティーが代表的で、菊花茶や黒豆茶、麦茶なども含まれます。茶外茶はカフェインを含まないものが多いため、種類によっては就寝前や子どもにもおすすめ。ただし、ハーブティーには、妊娠中や授乳中の方には禁忌のものもありますので、お店で確認しましょう。

日本では麦茶をはじめ、多くの茶外茶が飲まれています。地方によって、シソの葉を使ったシソ茶や柿の葉茶、そば茶、ハトムギ茶なども飲まれています。「健康茶」とも呼ばれ、古くから親しまれてきました。

P.160-165　監修＝ハーブ専門店　エンハーブ

中国や韓国で飲まれている茶外茶

中国では、ジャスミン茶や菊花茶などの「花茶」や、ＰＡＲＴ１で紹介した「八宝茶」も茶外茶の一種です。「苦《く》丁《てい》茶《ちゃ》」は、読んで字のごとくとても苦いのですが、二日酔いの特効薬として知られ、広く飲まれています。

韓国ではとうもろこし茶がよく飲まれているほか、果実など植物の実を砂糖やはちみつを煮込んだものにお湯を加えて飲む「柚子茶」「五味子茶」、高麗人参を煎じた「人参茶」などもあります。これは儒教が興隆するなかで、仏教寺院で多く生産されていた茶の生産量が減っていったためとか。

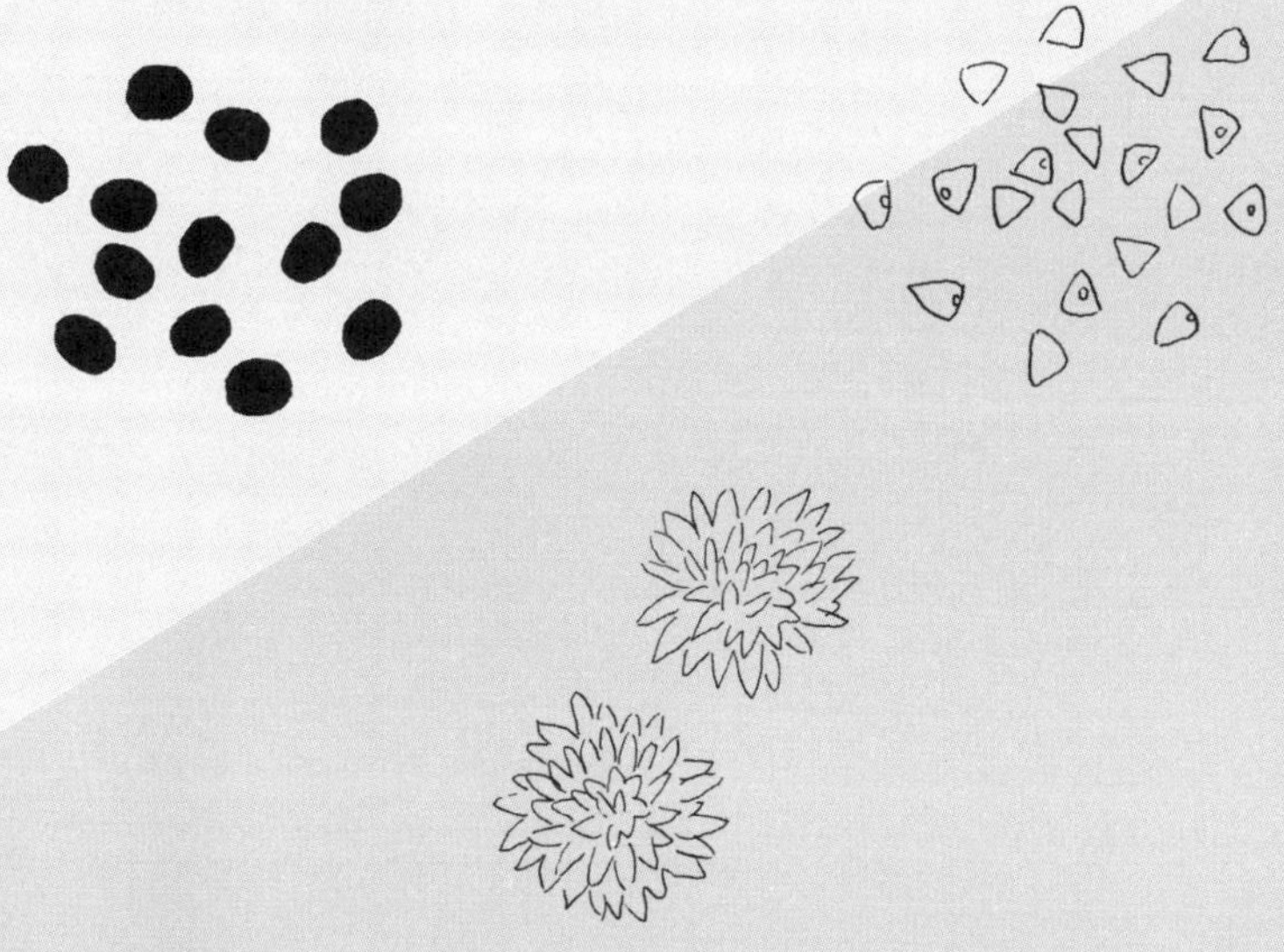

ハーブティー

体と心を癒やすハーブティー

ハーブとは生活に役立つ香りのある植物のことをいいます。

ビタミンやミネラルなどさまざまな成分が含まれ、多様な働きを持ち、古くから暮らしに取り入れられてきました。

ハーブティーに溶け込んだ色や味や香りなどの成分は心身に優しく働きかけ、健康や美容に役立ち、五感で楽しむことで気持ちを癒やしてくれます。

大きく分けると生の植物である「フレッシュハーブ」と乾燥させた「ドライハーブ」を使う方法があります。フレッシュハーブは新鮮な香りが楽しめますが、季節によって入手できるものが限られます。ドライハーブは通年入手しやすく、成分が凝縮されていて抽出しやすいため、取り入れやすい方法です。

ハーブの選び方

食品として
輸入されているものを選ぶ

ハーブの中には、クラフトなど食用以外の目的で輸入されているものがあるため、必ず食品としての基準を満たしているものを選びます。

学名が明記された
お店で買う

ハーブは一般名称で表記されていますが、複数の名称があるものもあり、販売店によって表記が異なります。よく似た名前でも違う植物であることもあるため、学名を表記しているお店で確認して買うようにしましょう。

使用部位を
確認する

同じ植物でも、花や根、実などの部位ごとに味や効能が異なるものがあります。使用部位が明記されているか確認して買いましょう。

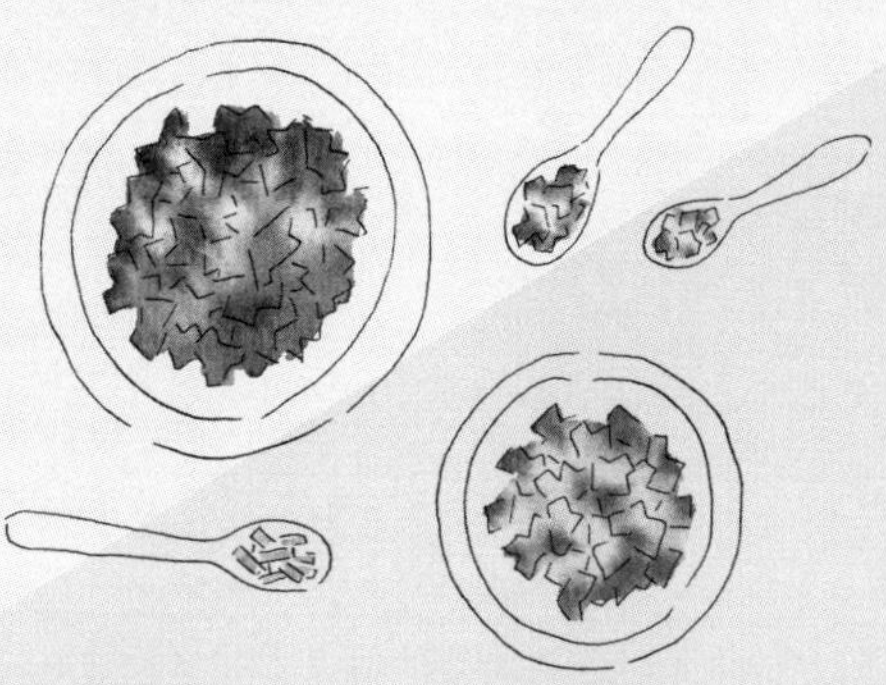

ハーブの保存方法

密閉できる容器に入れ、高温多湿な場所や直射日光を避け、冷暗所で保存しましょう。乾燥材も一緒に入れて保存するとよいでしょう。夏は冷蔵庫に入れても。また、保存容器に賞味期限を明記しておきます。

ハーブティーの淹れ方

ハーブ・スパイスの種類によって蒸らし時間を変える

ドライハーブは、基本的にはお茶と同じ要領で淹れることができます。大切なのは、蒸らす時間。ハーブの種類により抽出時間が異なり、種や実などかたいものを使う場合は、長めに蒸らしましょう。

1煎目に多くの成分が抽出されるため、お茶のように2煎目、3煎目と楽しむことはできません。

ハーブティーは色も美しいので、耐熱性のガラスのポットやカップで淹れるのがおすすめです。ここでは、ドライハーブを使った淹れ方を紹介します。

1

ポットとカップを温める。ティーカップ1杯（約200ml）に対し、大さじ1杯のドライハーブを入れる。

2

1に熱湯を注ぐ。温度は95～98℃が適温。沸騰したら火を止め、ひと呼吸置くとよい。

3

お湯を注いだらすぐに蓋をして蒸らし、抽出する。花や葉の場合は3分ほど、実や種の場合は5分ほどが目安。

4

茶こしを使いながら、カップに注ぐ。

PART 3
毎日の暮らしにとり入れたい お茶カタログ

紅茶、烏龍茶などの中国・台湾のお茶、
緑茶など日本のお茶、そしてハーブティー。
それぞれの専門店がおすすめする、
初心者でも楽しみやすい、
暮らしに取り入れたくなるお茶を集めました。

紅茶

中国や日本で作られる紅茶も含めて、
ベーシックなものを中心に紹介します。
同じ茶葉でも産地や生産者によって風味や香りは異なります。
このカタログを参考に、お気に入りを見つけましょう。

ダージリン1stフラッシュ

サングマ農園 EX-4 SFTGFOP1 Flowery

〈産地〉インド

ダージリン1stフラッシュは、品種としては中国種、クローナルに、時期としてはアーリーファースト、レイトファーストに大別されます。本品は中国種のアーリーファーストで、若葉香や清涼感のある香りを中心に、ほのかにトーストの香りも混じり、爽やかさとまろやかさが相まった紅茶です。

ダージリン2ndフラッシュ

シーヨック農園 FTGFOP1 Muscatel

〈産地〉インド

マスカテルフレーバーと呼ばれる香りに代表され、「紅茶のシャンパン」と呼ぶにふさわしい紅茶が産出されます。狭義のマスカテルは極めてわずかですが、甘い香りと舌の上を転がるような軽快で好ましい収斂性（渋み）が特徴。なおこの他に、花香、ナッツ香など、多彩な香りの紅茶が収穫されます。

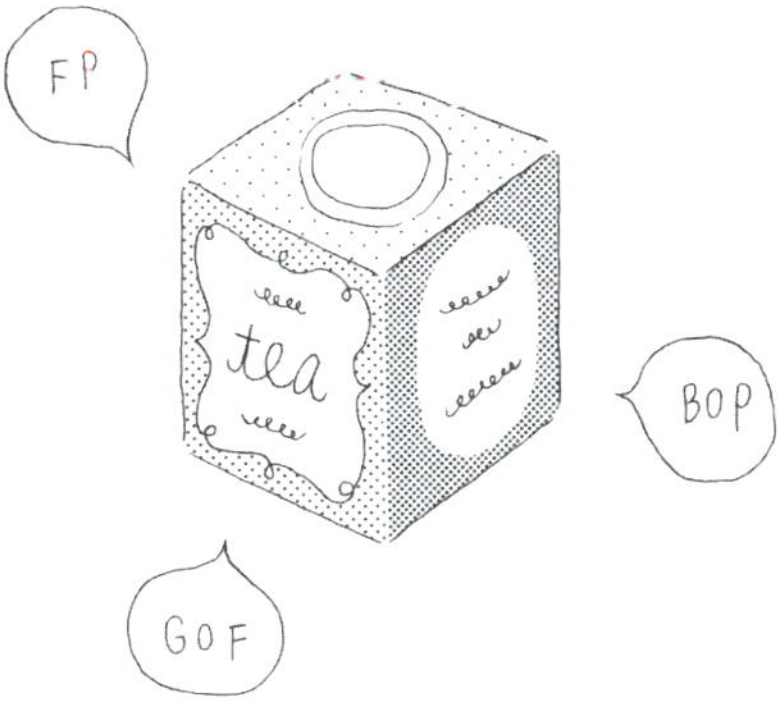

P.168-183　監修＝Tea Market G clef

ダージリンオータムナル

ゴパルダーラ農園 FTGFOP1 Red Thunder

〈産地〉インド

オータムナル（秋摘み）は、プレオータムナル、リアルオータムナルに大別されます。プレオータムナルは、ウッディな香りやナッティな香りの紅茶が収穫されますが、リアルオータムナルになると、甘味が深まり、やさしい飲み口になるとともに、花香が顕著になります。このゴパルダーラ農園は、オータムナルを得意とする農園のひとつです。

ネパールウィンターフラッシュ

ジュンチヤバリ農園 Himalayan Bouquet

〈産地〉ネパール

ジュンチヤバリ農園が登場したことで、これまでダージリンの模倣と見なされていたネパールの紅茶の地位は大きく向上しました。この茶葉は、同農園で最初のプレミアムティーのラインで、2003年から作り続けられている名作。なお冬摘みは、暦の上で冬を迎えても芽が伸びる温暖な年にのみ収穫される希少なお茶です。

紅茶カタログの見方

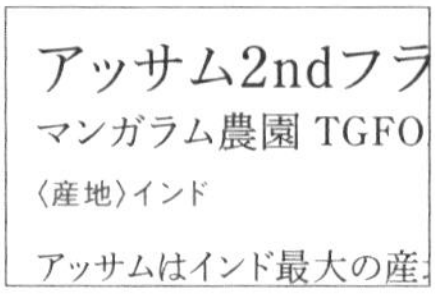

茶葉名
（2行目には農園名と等級を記載しています）

産地

概要

アッサム2ndフラッシュ

マンガラム農園 TGFOP1 Cl

〈産地〉インド

アッサムはインド最大の産地。英国人ロバート・ブルースがこの地で先住民が栽培していたアッサム種を見出し、英国統治下で初めてお茶の栽培を始めた歴史ある産地です。なかでも2ndフラッシュが最上とされ、モルティ[*1]な香りと力強い飲み口、ミルクに負けないボディ、美しい緋色の茶液を身上としています。

アッサム CTC BPS

〈産地〉インド

現在のアッサムでは、CTC製法という特殊な製法の紅茶が主流となっています。「Crush Tear Curl（つぶして、引き裂き、丸める）」の頭文字をとったこの製法は、早く強く抽出することを目的としており、ミルクと一緒に煮出すチャイなどに適しています。CTC BPSは、CTCの中では粒が大きく、まろやかめです。

＊1　モルティな香りとは、麦のような、甘く香ばしい香りを指します。「穀物感のある」とも表現されます。

＊2　ゴールデンティップとは、紅茶の茶葉に含まれる金色の芽のこと。紅茶を作る際、揉捻の過程で茶葉の芯芽をある程度強く揉み込むと、表面が黄金色に染まります。一方、あまり強く揉まないと芯芽の表面の産毛が銀色に輝きます。これは「シルバーティップ」と呼ばれます。かつては、それぞれオレンジペコー、フラワリーペコーと呼ばれていました。

アッサム2ndフラッシュ

メレン農園 FTGFOP1 Cl Special

〈産地〉インド

アッサムという産地は、他の産地と比べても厳格な等級区分が行われていますが、そのなかでもゴールデンティップ[*2]をたくさん含むグレードは、成長する芯芽の先を摂取すると長寿につながるというわれから、中東や欧米で好まれ、高価格で取引きされています。メレン農園はクオリティーガーデンのひとつで、その華やかな香りが特色です。

アッサム1stフラッシュ

ナホルハビ農園 TGFOP1 Cl

〈産地〉インド

アッサムにも1stフラッシュや、オータムナルがあります。アッサム1stフラッシュは、そのボディの軽さからCTC製法に回されることも多いのですが、実はフラワリーな香りと深く染み入るような甘味があり、日本人好みの味わいといえます。なお、上質なオータムナルはウッディな個性が加わります。

＊3　クローナルとは、ひと口にいうと品種茶のこと。種から育てずに優秀な遺伝子を持つ茶樹を挿し木で育て、同じ遺伝子を持つ茶樹のみで育てたものです。

ニルギリシーズナル
パークサイド農園 CL BOP

〈産地〉インド

ニルギリは南インドの高原地帯に広がる紅茶産地です。カンボジア種の系譜をひくクローナル[*3]が多く栽培されており、なかでもC6017という品種は、明快で伸びやかな甘い花の香りを放つため、高く評価されています。ストレートやミルクにもよいですが、アイスティーにも向く、のどごしのよい飲み口の紅茶です。

ニルギリシーズナル
コーラクンダー農園 FROST TEA

〈産地〉インド

コーラクンダー農園は、世界で最も標高の高い紅茶農園として知られ、標高2000mを超える高地でお茶を栽培しています。特に冬季の1月前後は夜間に霜が降りるような低温になり、ピーククオリティーを迎えます。この寒暖差と高い標高とが、フロストキャラクター[*4]と呼ばれる清涼な香りに結実するのです。

＊4　フロストキャラクターとは、霜の降るような寒い時期に生産されたお茶だけが持つ、バジルのような香りのこと。

ディンブラシーズナル

デスフォード農園 PEK

〈産地〉スリランカ

スリランカの7大産地のうち、日本人に最も好まれる味わいとして人気の高いのがこのディンブラです。通常はさまざまなブレンドに使われることの多いディンブラですが、特に2、3月のものは甘い花の香りが高まります。ストレート、ミルク、アイスと活躍の場の多い紅茶で、日常茶としておすすめです。

ヌワラエリヤシーズナル

ペドロ農園 マハガストータクオリティー PEK1

〈産地〉スリランカ

ヌワラエリヤは赤道直下、標高2000m前後の常春の地で、避暑地としても知られる紅茶の産地です。一般には、草いきれのする香りと表現される、夏草の香りの紅茶として知られますが、近年はわずかに発酵した白い花の香りを宿す紅茶も見受けられるようになりました。のどごしがよく、アイスティーにも向きます。

＊5　ローグロウンとは、標高600ｍ以下で作られるお茶のこと。濃厚な味わいが特徴。スリランカでは産地の標高による区分もあります。ハイグロウンは標高約1200〜2500ｍで作られるお茶で、香り高いクリアな味わいです。

サバラガムワシーズナル

ニュービタナカンダ農園 FBOPEXSP

〈産地〉スリランカ

ルフナ、サバラガムワといったスリランカの低標高の産地では、“エクストラスペシャル”と呼ばれる、ゴールデンティップを主体とする三日月のような見栄えの紅茶が産出されます。まろやかな味わいとモルティな香りが特徴ですが、バナナのような甘い香りを宿すものもあります。ミルクティーによく向きます。

ルフナ

BOP

〈産地〉スリランカ

一般的にルフナは、スリランカのローグロウン[*5]の紅茶として、ブレンドに供されることが多いのですが、ほのかにシソの香りをニュアンスとして湛える甘い香味は、それ自体としても飲みやすい紅茶であるといえます。ストレートのほか、イングリッシュミルクティーや煮出しのミルクティーにも向きます。

ウヴァ

BOP

〈産地〉スリランカ

ウヴァは、スリランカの東部マルワタバレー周辺で生産される紅茶で、ピーククオリティーの時期のものは爽やかな香りが特徴といわれていますが、一般的にはプレーンな味わいのものが中心となります。ミルクティーにも、ストレートにも向き、やはりスリランカの他の産地同様、ブレンドにも多用されています。

キャンディ

BOP

〈産地〉スリランカ

キャンディはスリランカの古都で、その周辺でもたくさんの紅茶が生産されています。ほの甘い香りに清涼感が混じり、味わいとしても甘みのなかに渋み、酸味が混在するため爽やかな飲み口となっています。こうした味わいから、ストレート、ミルクティーのほか、アイスティーにもおすすめできます。

武《ぶ》夷《い》金《きん》駿《しゅん》眉《び》

〈産地〉中国

武夷山は歴代中国皇帝のためのお茶を産した中国随一の産地であると同時に、はじめての紅茶「正山小種」つまりラプサンスーチョンを産した土地でもあります。この地で2005年に考案された金駿眉は、2gで600～800の芽が含まれる極上品で、香ばしさと杏のような甘い香りを宿し、10煎以上楽しめるといわれます。

武夷正《せい》山《ざん》小《しょう》種《しゅ》／ラプサンスーチョン

〈産地〉中国

紅茶の元祖「正山小種」は武夷山で産出され、竜眼（ロンガンフルーツ）の香りの無煙小種と、強く燻煙した煙小種とに大別されます。このほか、武夷山外で生産され、国際的に流通している「ラプサンスーチョン（正山小種の福建訛り）」も、正露丸のようなクセのある味わいながら根強い人気があります。

キームン 春摘み

〈産地〉中国

紅茶好きの間では、しばしばスモーキーと称されるキームンですが、上質なものは蘭の花の香りと糖蜜の味わいが楽しめます。キームンに限らず、中国紅茶は2、3煎以上抽出して楽しめるため、イングリッシュスタイルのティーポットではなく、小ぶりな急須や蓋碗で小刻みに淹れることで、多彩な表情を楽しむことができます。

雲南 春摘み

〈産地〉中国

雲南はチャノキの原産地ですが、紅茶産地としての歴史は新しく、日中戦争当時に既存の茶産地が日本統治下となったため、外貨獲得を目指して新規に紅茶生産を開始したというのがその発端です。雲南大葉種という品種で甘味の強い紅茶が作られますが、近年では中国国内向けに多彩な紅茶が増えました。

九曲紅梅

〈産地〉中国

清朝末期に太平天国の乱が勃発した際、その理念に共鳴した武夷山の茶農が現在の浙江省に移住して紅茶作りを始めたというのが、九曲紅梅のルーツです。生産量、輸出量ともに少なく、中国国内で消費されることの多い紅茶ですが、深みのある味わいは他の紅茶とは一線を画しています。

広東紅茶 鴻雁12号

〈産地〉中国

中国広東省では、英徳市周辺で長く英徳紅茶が作られてきました。現在の主要品種は英徳9号というものですが、鴻雁12号という本来は烏龍茶である鉄観音のために作られた品種が紅茶によく向くということで、近年急激に生産を伸ばしています。このように烏龍茶用品種はしばしば紅茶に転用されます。

花蓮蜜香紅茶

〈産地〉台湾

蜜香紅茶は、台湾茶業の在り方を根本的に変えた紅茶です。1990年代まで台湾の高級茶といえば、高標高で産出される高山烏龍茶でしたが、低標高産で価値の高い蜜香紅茶が花蓮で開発されて以来、台湾全土で多様な蜜香紅茶が産出されるようになりました。蜜香、花香、スイートポテトのような香味が特徴です。

日月潭紅茶 紅玉種

〈産地〉台湾

日月潭は戦前の日本統治下で紅茶産地として開発された土地ですが、現在に至るまで紅茶の生産がされています。台湾独自の品種として開発された紅玉種は、現在では日月潭の主要品種のひとつとなっており、麦芽香（モルトの香り）と薄荷香（ミントの香り）とをともに具えた独特の香味を楽しむことができます。

（注意事項）

日本産紅茶（和紅茶）の場合は、茶葉名の2行目に「品種名／生産者名」を記載しています。また、産地の（　）内に県名を記しています。

静岡島田2ndフラッシュ
べにふうき／桃花香 井村 典生作

〈産地〉日本（静岡県）

静岡県島田市の周辺では世界農業遺産として登録されている「茶草場農法」が実践されています。その農法との因果関係は確定していませんが、この界隈で収穫される「べにふうき」のなかには、なぜか夏になると桃の香りを漂わせるものがあります。なお、べにふうきは紅茶用品種で、強い花香が特徴となります。

静岡磐田2ndフラッシュ
香駿／鈴木 英之作

〈産地〉日本（静岡県）

静岡県で開発された煎茶用品種「香駿」は、その香りが煎茶には強すぎるということで、品種登録に反対する意見があったほど異色の品種でした。しかし、紅茶にとっては香りのよさは純粋な長所。発酵を浅めにした香駿紅茶には、和紅茶ならではのよさがよく表現されています。強めの火入れをしても美味です。

福岡八女1stフラッシュ

かなやみどり／原島 政司作

〈産地〉日本（福岡県）

「かなやみどり」という品種は、煎茶用に開発された品種ですが、発酵を浅めにすることでよもぎを思わせる野草の香りを湛える、飲みやすい風味の紅茶ができ上がります。和紅茶全般にいえることですが、この紅茶は2煎、3煎と楽しむことができ、和菓子とも好相性です。この産地は八女ですが、九州には和紅茶の卓越した作り手が少なくありません。

熊本芦北2ndフラッシュ

やぶきた／梶原 敏弘作

〈産地〉日本（熊本県）

「やぶきた」は日本で一番多く栽培されている品種ですが、おいしいやぶきた紅茶は希少です。煎茶用の畑で紅茶を作ると生臭くなるからで、一番茶で煎茶を作った後に二番茶で紅茶を作ってもうまくいきません。しかし、紅茶専用に施肥をすれば話は別。香ばしくてコクのあるおいしいやぶきた紅茶ができます。

茨城猿島2ndフラッシュ

おくみどり／花水 理夫作

〈産地〉日本（茨城県）

「おくみどり」は晩成の緑茶用品種ですが、かなやみどり同様よもぎを思わせる野草の香りがあり、丁寧に火入れをすることで香ばしさと清涼感、甘味、コクを併せ持った上質な和紅茶ができます。これらの品種のよいところは、舌の上を転がるような上質な渋みを生じやすいこと。繊細な味わいを楽しむことができます。

茨城猿島2ndフラッシュ

いずみ／吉田 正浩作

〈産地〉日本（茨城県）

「いずみ」は1960年に釜炒り茶用に登録された品種ですが、紅茶、烏龍茶に向くことで、近年再度注目を集め始めています。ほんのりと桃を思わせるような香りを帯び、時期を問わず、上質な紅茶を作ることができます。猿島は近年注目度の高い和紅茶の産地ですが、なかでもこのいずみは人気の高い一品です。

＊6　近代に新しい品種が開発されると、味わいや生産性などの面で栽培面積が増え、在来種は減少の一途をたどりました。近年、古樹ならではの香味や、病害虫に強く、手間がかからないことなどから、在来種の価値が少しずつ見直されています。

宮崎五ヶ瀬1stフラッシュ
みなみさやか／宮崎 亮作

〈産地〉日本（宮崎県）

「みなみさやか」は、ミルキーな甘い香りとのどごしのよい味わいから、女性に人気の高い和紅茶です。宮崎県で釜炒り茶用に育成されたこの品種は、紅茶への適性も高く、病害虫に強いことから有機栽培にも適しています。宮崎県ではこのみなみさやかをはじめ、独自品種での紅茶作りが盛んです。

奈良月ヶ瀬1stフラッシュ
在来種／岩田 文明作

〈産地〉日本（奈良県）

奈良月ヶ瀬では、過疎や高齢化による荒廃から茶園、ひいては地域の景観を守るため、独自の理念でのお茶作りがされています。生産性では劣るものの、病害虫に強く手間のかからないこの在来種[*6]の古樹は、こうした観点から見直され、少人数での有機栽培のお茶作りに活用されています。

緑茶・黒茶・青茶・白茶・花茶

中国と台湾で作られている
お茶は驚くほど多彩です。
ここでは、紅茶を除いたものを紹介します。
ぜひさまざまなお茶を試してみましょう。

龍井《ろんじん》

〈産地〉浙江省杭州市

何百何千もの銘柄を有する中国茶のなかで、最も名の知れ渡っている有名茶の筆頭がこの「龍井茶」。なかでも浙江省杭州市西湖周辺は原産地として鉄壁のポジションを維持しています。高級緑茶が共通して有する涼やかでやわらかな「清香」に加え、「板栗香」と呼ばれる炒った栗のような芳しさを併せ持ちます。

六安《ろくあん》瓜《か》片《へん》

〈産地〉安徽省六安市

中国十大名茶のひとつで、乾燥茶葉の形が瓜の種に似ていることから名づけられました。緑茶[*1]ですが、六安瓜片はあえて一定の大きさに育った葉の部分で作られています。深い緑色をしたお茶は爽やかな香りと、深みのある味わいで、何煎も楽しめます。

P.184-195　監修・写真＝遊茶

＊1　中国の緑茶は、一般的に芽の部分で作るものが高グレードとされています。

安吉白茶《あんきちはくちゃ》

〈産地〉浙江省湖州市安吉県

茶葉名には「白茶」とついていますが、それは茶葉が白っぽいため。分類的には緑茶に属します。品種特性により葉が白くなる1週間から10日間に茶摘みの時期が限られるため、生産量は多くありません。安吉白茶の産地は質のよい茶葉が育つ条件をすべて備えています。

黄山毛峰《こうざんもうほう》

〈産地〉安徽省黄山市

優れた緑茶を多く生産している安徽省の中で最も名前が知られているお茶。世界遺産、世界ジオパークに登録されている黄山の恵まれた自然は、茶葉の生育にとっても好ましい環境となっています。長く「雲霧茶」の名前で呼ばれていましたが、1985年頃より「黄山毛峰」という名称に変わりました。

カタログの見方

普洱熟餅茶	茶葉名（一般的な茶葉の銘柄です）
〈産地〉雲南省西双版納州	産地（代表的な産地もしくは原産地を記載しています）
プーアール茶のうち、「熟 生物発酵を経て製茶され	概要

普洱《ぷーある》 熟餅茶《じゅくもちちゃ》

〈産地〉雲南省西双版納州

プーアール茶のうち、「熟茶」と呼ばれるタイプで、微生物発酵を経て製茶される黒茶の仲間です。円盤状に緊圧したものは餅茶といい、長期熟成に向いていて、時間の経過によって生まれる木質系の「陳香」[*2]など、年単位の風味の変化も楽しむことができるお茶です。

普洱《ぷーある》 散茶《さんちゃ》

〈産地〉雲南省西双版納州

微生物発酵工程を経た「熟茶」タイプのプーアール茶です。パラパラとした状態のものを「散茶」といいます。多種多様なプーアール茶があるなかで、初めの一歩としておすすめしたいお茶。濃さはありますが、きつさがなく、優しい味わいです。

＊2　陳香とは、製茶後、一定時間が経過した後の茶葉が有する香りを指します。

＊3　悶黄とは、茶葉を蒸れた状態にする工程です。

普洱《ぷーあーる》 小磚茶《しょうせんちゃ》

〈産地〉雲南省西双版納州

プーアール茶の熟茶を小さなブリック（レンガ）型に圧縮したもの。ひとつひとつ丁寧に紙で包まれていて、まるでひと口サイズのチョコレートのよう。さらりとしながらコクがあり、切れ味いいのにまろやかな、風味もスタイリッシュなお茶です。

君山銀針《くんざんぎんしん》

〈産地〉湖南省岳陽県君山

「悶黄」[*3]という工程を経て作られる黄茶の大代表。芽の部分のみで作られていて、銀色の産毛と針のような形から「銀針」という名前がつけられています。耐熱性グラスに入れてお湯を注ぐと、刀のように茶葉が直立した茶葉が湯中を上下する姿を眺めることができます。生産量の極めて少ない稀少茶です。

白毫銀針《はくごうぎんしん》

〈産地〉福建省福鼎県／政和県

英語では「Silver Needle」と表記され、その名の通り銀色に輝く産毛に覆われ、針のようにピンと伸びた芽のみを使った高級茶です。どのお茶にも抗酸化作用がありますが、白毫銀針が属する「白茶」は、特に優れているとされます。生産地域が限られ、種類も少ない稀少茶です。

白牡丹《はくぼたん》

〈産地〉福建省福鼎県／政和県

ひたすら“放置”して製茶する「白茶」のひとつ。その揉捻の工程を経ず、自然に萎れた形で仕上げられたその様子がふんわりとしていて、あたかも牡丹の花のようだということから、この名前がつけられました。

鳳凰単欉蜜蘭香《ほうおうたんそうみつらんこう》

〈産地〉広東省潮州市潮安県鳳凰鎮

青茶（烏龍茶）のひとつで、鮮烈な花香や果実香が特徴です。現在80余りの銘柄があるなかで「鳳凰単欉十大蜜花香型名」のひとつに数えられる蜜蘭香は、人気の高い茶葉です。芳醇な味わいのあとに、心地よい収れん味（渋み）が全体を引き締めています。

嶺頭単欉《れいとうたんそう》

〈産地〉広東省潮州市饒平県嶺頭村

広東省を代表する青茶（烏龍茶）のひとつ。突然変異種として発見され、優れた品質と栽培のしやすさから短期間に栽培面積を増やし、1986年には全国名茶のひとつに選ばれました。マスカットを思わせる高い果実香と心地よい渋みが絶妙なバランスを生み出しています。

武《ぶ》夷《い》巌茶《がんちゃ》大紅袍《だいこうほう》

〈産地〉福建省南平市武夷山

青茶（烏龍茶）にあって、とりわけさまざまな伝説を持つ巌茶[*4]は現在、800以上の銘柄があります。なかでも特に知名度と品質に秀でているとして「鉄羅漢」「白鶏冠」「水金亀」とともに「4大名欉」と呼ばれ、特別視されていますが、その頂点に君臨するのがこの「大紅袍」です。

武《ぶ》夷《い》巌茶《がんちゃ》肉桂《にっけい》

〈産地〉福建省南平市武夷山）

巌茶のなかでも、ここ最近では一番人気のお茶。100年以上の歴史を持ちながら、その名が意識されるようになったのは1950年代に入ってから。現在は巌茶の中で1、2を争う栽培面積を誇っています。特徴はシナモン[*5]や金木犀を合わせたようなスパイシーな花の香です。

＊4　岩茶とも。奇岩連なる武夷山で生育しているためにこの名前がついています。

＊5　中国語で、シナモンは「肉桂」、金木犀は「桂花」といい、茶名の「桂」の字に重なります。

安渓祥華鉄観音《あんけいしょうかてっかんのん》

〈産地〉福建省安渓県祥華郷

産地の福建省安渓県は青茶（烏龍茶）発祥地のひとつとされ、多くの品種を有するなかで質、量ともに他の追随を許さず、常にトップの座を占め続けてきたのが鉄観音です。蘭の花に例えられる香りと厚みのある味わいは“音韻”と称され、広く人々を魅了しています。

黄金桂《おうごんけい》

〈産地〉福建省安渓県虎邱鎮羅岩村

際立つ華やかな香りが天にまで届くほどに素晴らしいという意味で「透天香」という別称があります。福建省安渓県は鉄観音の産地でもあり、その名声の陰で薄くなりがちだったそれ以外の茶のなかで、黄金桂はその優れた品質で異彩を放ち続けています。優れた個性で存在感を示してきました。

梨山高山茶《りっざんこうざんちゃ》

〈産地〉台湾南投県仁愛郷梨山

台湾産青茶（烏龍茶）のうち、海抜1000m以上の高地で育った茶葉で製茶されたものを「高山茶」と呼びますが、この梨山茶の茶園のある場所は、なんと海抜2300m前後。高地特有の土壌、霧深さや昼夜の寒暖差が、香り高く、うまみの強い茶葉を育てます。

文山包種茶《ぶんさんほうしゅちゃ》

〈産地〉台湾新北氏坪林区

台北郊外にあるこのお茶の原産地は、約200年前、福建省から伝播した茶樹と製茶技術が最初に伝わった土地のひとつ。球形にかたく揉捻されたものが主流の台湾青茶（烏龍茶）のなかで、細長く揉まれたタイプはほぼこの茶葉のみ。甘い花香と、爽やかな口当たりが多くの人を虜にしています。

凍《とう》頂《ちょう》烏龍《うーろん》茶《ちゃ》

〈産地〉台湾南投県鹿谷郷

約200年前、茶樹と製茶技術が福建省から台湾にもたらされ、最初に根づいた地域のひとつが凍頂山です。凍頂烏龍茶は、台湾で最も長い歴史を誇るお茶のひとつ。現在、この名前にはいくつかの解釈があり、「凍頂」は必ずしも地名を意味しないようですが、それでも使われているということがブランド力の証です。

四《し》季《き》春《しゅん》茶《ちゃ》

〈産地〉台湾各地

1年に最大7回も摘み取りができ、四季を通じて春のように製茶が可能という意味で、この名称がついたとか。環境順応性が高く、病害虫に強いなど栽培が容易なうえに、高い花香と低い渋みという特性があります。それゆえ、広く栽培され、生産量が多いために品質に比し価格のお手頃なコスパに優れた青茶（烏龍茶）です。

＊6　茶業改良場とは、お茶の品種改良や製茶技術の開発・改善等を行う政府の組織で、楊梅を本部として、文山、魚池など台湾の5カ所にあります。

金萱茶《きんせんちゃ》

〈産地〉台湾各地

青茶（烏龍茶）のひとつ。台湾茶業改良場[*6]で、約40年をかけて育成され、1980年代に「台茶12号」として認定され、「金萱」という品種名がつけられました。台湾のお茶屋さんでは「27仔」と俗称で呼ばれることもあります。茶葉は大きく厚めで、ミルクのような甘い香りを持ち、金木犀を思わせる花香を最大の特徴とします。

木柵鉄観音《もくさくてっかんのん》

〈産地〉台湾台北市文山区木柵

約150年前に福建省安渓から伝来した製法を今に受け継ぎ、台北市近郊の木柵地区を産地とする青茶（烏龍茶）で強めの焙煎を特色とします。鉄観音を称するのに、原産地福建省安渓では鉄観音品種を使用するのが絶対条件であるのに対し、台湾では製法が伝統的であることを条件としています。

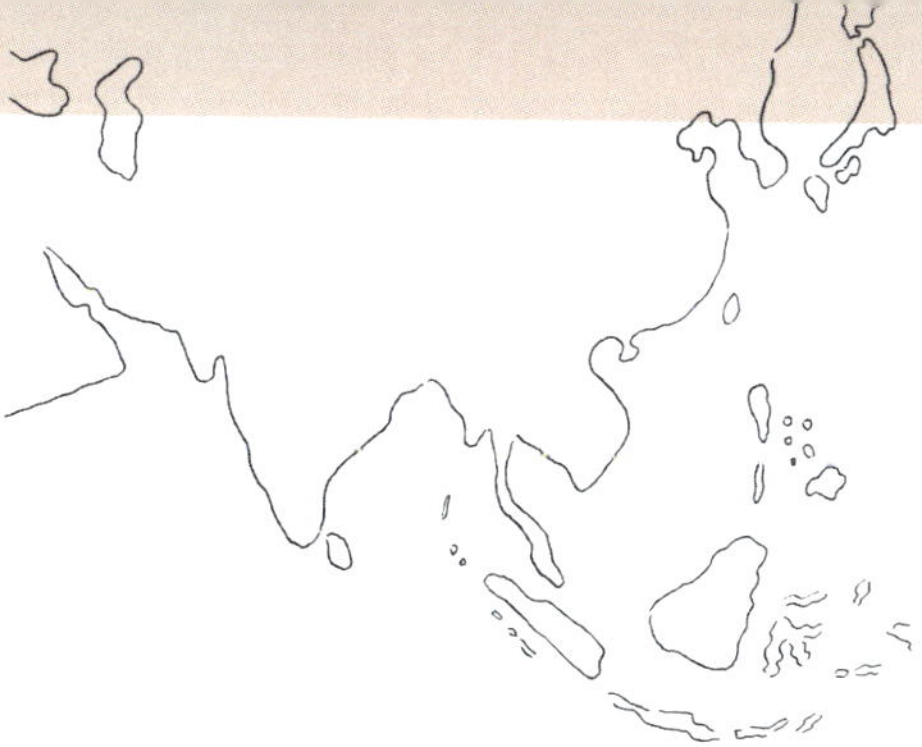

東方《とうほう》美人《びじん》

〈産地〉台湾桃園市／新竹県／苗栗県

「オリエンタルビューティー」の別称を持つ台湾特産の青茶（烏龍茶）。独特の「蜜香」と呼ばれる濃厚な果実香は、本来茶樹にとっては害虫であるチャノミドリヒメヨコバイに吸汁された茶葉を、独自の技術で製茶することで実現される稀有なお茶です。蒸しの発生場所が限定されるため、産地の範囲も限られます。

龍珠《りゅうじゅ》花茶《かちゃ》

〈産地〉福建省東北部

茶葉に新鮮な花の香りを吸わせて仕上げたお茶を花茶といい、中国茶においてはジャスミン茶が圧倒的に大勢を占めます。さまざまな形状がありますが、球形に揉まれたこのお茶の、表面に目立つ白いものは「白毫」と呼ばれる産毛。優良な茶樹品種の若い芽と葉を使っている証拠です。

緑茶

日本で作られている緑茶を紹介します。
緑茶と聞くとイメージする人の多い煎茶や玉露、
かぶせ茶やほうじ茶まで日本各地のお茶を集めました。
自分の好みに合ったものを探してみましょう。

本山茶《ほんやまちゃ》

〈産地〉静岡県

静岡のお茶の元祖ともいわれる煎茶です。静岡市に流れる安倍川とその支流にわたる、川沿いの山間地で作られます。鎌倉時代に初めて静岡でお茶が栽培された場所として知られています。爽やかな香りが特徴的な普通蒸し煎茶。

川根茶

〈産地〉静岡県

大井川流域、南アルプスの山々に囲まれた地域で作られるお茶。400年以上前から栽培が始まり、昼夜の寒暖差や川霧がおいしいお茶を育てます。豊かな香りと澄んだ水色を持ちます。普通蒸し煎茶として仕上げられることが多いお茶です。

P.196-207　監修＝心向樹

＊1　べにふうきは、もともとは紅茶を作るための品種として注目されていました。緑茶に仕上げることで、花粉症などアレルギーに効果があるとされる成分が豊富に含まれます。

霧島茶

〈産地〉鹿児島県

霧島山麓で作られた、普通蒸し煎茶。緑茶らしい澄んだ清々しい香りとまろやかなうまみ、緑色の水色がバランスよく楽しめます。鹿児島県では800年前からお茶の栽培が始まったとされますが、明治時代に産業として本格的な栽培が開始されました。

徳之島茶

〈産地〉鹿児島県

鹿児島の南西、奄美群島のほぼ中央に位置する徳之島。戦前お茶の栽培が行われていましたが、戦争によって消滅。十数年前からお茶の栽培が本格的に開始されました。南国の気候を生かして、「べにふうき」[*1]など健康に効果のある品種が栽培されています。

カタログの見方（P.196-207）

都城茶
〈産地〉宮崎県
宮崎県は、お茶の栽培に
日本有数の産地。鮮やか

茶葉名
（一般的な銘柄です。品種名ではありません。茶種ごとに日本各地の代表的なお茶を紹介）

産地

概要

都城茶

〈産地〉宮崎県

宮崎県は、お茶の栽培に適した気候と土壌に恵まれ、日本有数の産地。鮮やかな水色とコクのあるうまみを持つお茶が作られます。気候や地形が京都の宇治と似ていたため、島津藩の藩医が自ら学んで宇治からお茶の栽培・製茶方法を伝えました。

朝宮茶

〈産地〉滋賀県

京都府との県境で作られ、1200年以上の歴史を誇る日本最古のお茶。日本の5大銘茶[*2]としても知られています。伝統的な製法で作られたお茶は、まろやかで上品な甘みと清涼感ある香りが特徴。ぜひ味わってみたいお茶のひとつです。

P.196-199では、普通蒸し煎茶を紹介しています。

＊2　狭山、宇治、川根、本山、朝宮が日本の5大銘茶とされています。

大和茶

〈産地〉奈良県

奈良県東北部の高原地帯で作られるお茶で、気候や地形により、うまみの生きた茶葉が栽培されています。一説には、この地に茶の栽培を伝えたのは弘法大師ともいわれ、唐より持ち帰った茶の種をまいたのが始まりとされています。

白川茶

〈産地〉岐阜県

江戸時代に本格的な栽培が始められ、飛騨川の支流沿いの山間地で生産されています。川霧や赤土の土壌など、茶の栽培に適した環境が、香り高いお茶を生み出します。生産量が少ないため、高級茶として知られています。

P.200-201では、深蒸し煎茶を紹介しています。

掛川茶

〈産地〉静岡県

深蒸し煎茶[*3]の発祥とされ、掛川茶では深蒸し煎茶が主流となっています。かつて苦みが強かったお茶のまろやかさを出すために、深蒸しの製法が生まれました。茶草《ちゃぐさ》場《ば》農法[*4]という伝統的な方法が継承されていることでも有名。

牧之原茶

〈産地〉静岡県

日本有数の産地でありながら、お茶の栽培が開始されたのは明治初期から。維新によって職を失った武士達が剣を捨て、牧之原台地を開墾して茶畑を作りました。苦労と失敗の末に、日本を代表する産地となりました。芳醇な香りとまろやかな味わいが特徴。

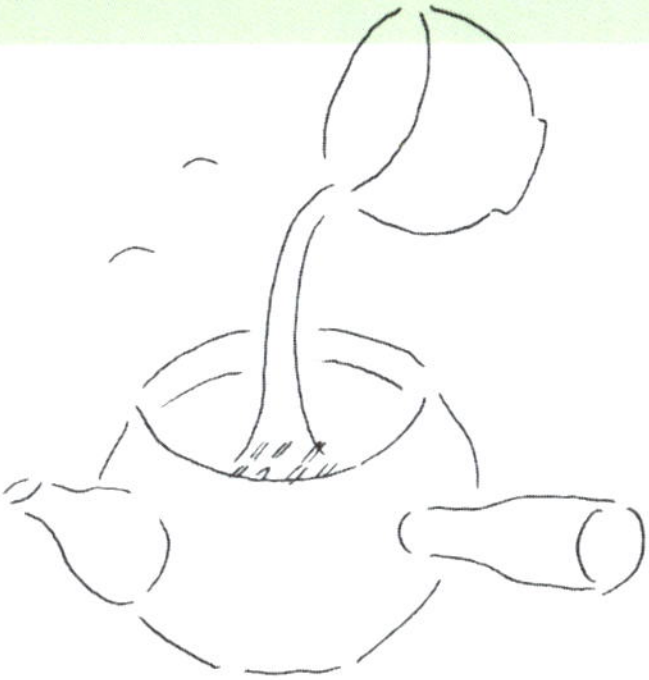

＊3　深蒸し煎茶は、普通蒸しの約2～3倍の時間をかけて茶葉を蒸して作ります。茶葉の形は細かくなりますが、水色が濃く、味が抽出されやすくなります。

＊4　茶樹の根元にススキなどを刈って敷き、有機肥料として活用する方法。世界農業遺産にもなっています。

知覧茶

〈産地〉鹿児島県

温暖な気候のため、4月上旬に新茶が楽しめます。全国でも知られるお茶の産地。鎌倉時代、平家の落人がお茶の栽培を伝えたとの伝承があります。2017年には「川辺茶」「えい茶」も知覧茶という名称に統一されました。

狭山茶

〈産地〉埼玉県

入間市、狭山市、所沢市などで栽培され、香ばしく濃厚な味わいで知られます。「狭山火入れ」と呼ばれる、乾燥処理方法が特徴。肉厚な茶葉だからこそできる強火の仕上げ方法で、狭山茶独特の味わいになります。関東で人気の高いお茶です。

P.202-203では、釜炒り茶を紹介します。
生の茶葉を蒸さずに釜で炒って作るお茶のこと。

五ヶ瀬茶

〈産地〉宮崎県

日本の緑茶は大部分が蒸す製法で作られますが、伝統的な釜で炒る製法で作られるお茶が釜炒り茶です。五ヶ瀬では、古くから山茶[*5]が自生していたため、釜炒り茶が伝わってきました。すっきりした香りと風味が特徴。

高千穂茶

〈産地〉宮崎県

15世紀頃に中国から伝わったとされる、釜炒り茶。現在では九州の一部でのみ作られる貴重なお茶です。昔ながらの直火式の釜を使って仕上げることで、独特の香りが生まれます。美しい黄金色の水色とまろやかな味わいが人気。

＊5　山茶は山間部に自生しているお茶のこと。古くから山間部に暮らす人々に飲まれてきました。

＊6　蒸し製玉緑茶とは、勾玉のような形が特徴で「グリ茶」とも呼ばれます。大正時代に輸出用として、釜炒り茶に似せて作られました。

嬉野茶《うれしの》

〈産地〉佐賀県

釜炒り茶が日本に伝わった産地。500年以上の伝統を受け継ぎ、伝統的な製法で作られています。生産量は少ないものの、現在でも嬉野茶ならではのお茶として愛されています。蒸し製玉緑茶[*6]の製造も盛んに行われています。

彼杵茶《そのぎ》

〈産地〉長崎県

大村湾に臨む段々畑で栽培されるお茶で、長崎県を代表する産地。蒸し製玉緑茶の生産が主ですが、釜炒り茶なども作られています。収穫前に直射日光が当たらないよう調整することで生まれる、上品な味わいと香りが特徴です。

P.204では、番茶を紹介します。
さまざまな定義があり、地方番茶も多くありますが、
ここでは代表的なものを厳選して掲載します。

阿波番茶

〈産地〉徳島県

徳島県の山間部に伝わり、古くから地域で親しまれてきたお茶です。一番茶を使って作る点が一般的な番茶とは異なり、夏頃に葉が成熟してから刈り取るため、「晩茶」とも。乳酸菌発酵させたお茶で、カフェインが少ないこともあり、健康茶として注目されています。

美作番茶

〈産地〉岡山県

江戸時代からお茶の栽培が始まり、煎茶が作られていましたが、現在では番茶が知られています。枝ごと収穫した茶葉を使い、蒸し煮にしてから天日干しして作られます。香ばしい風味が特徴。ヤカンで煮出して飲むとよいでしょう。

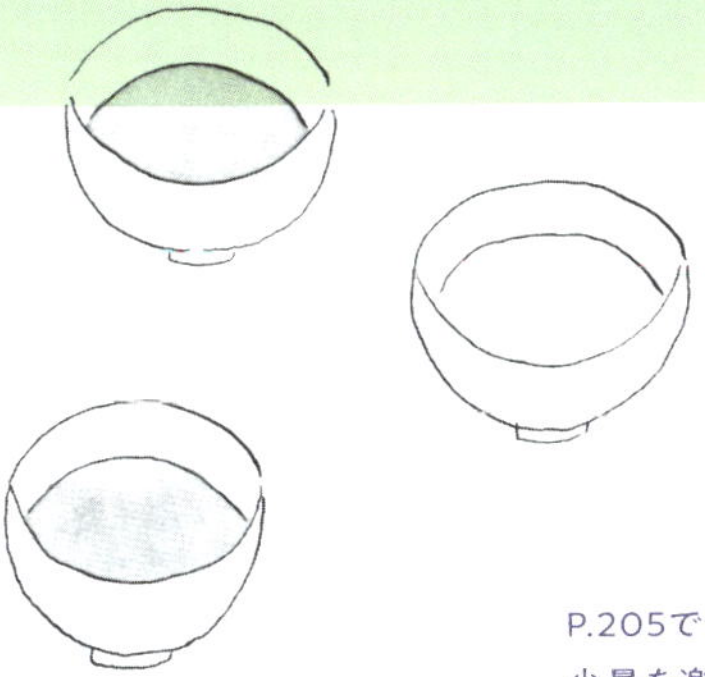

P.205では、玉露を紹介します。
少量を楽しむもので、強いうまみと甘みが特徴。

宇治茶

〈産地〉京都府

古くから日本を代表する産地として知られる宇治。茶葉を火力で乾燥させながら手で揉む製法が生み出され、現在の煎茶の元となりました。抹茶の原料となる碾茶《てんちゃ》と玉露の生産が主流で、熟成した甘みが特徴です。

八女茶

〈産地〉福岡県

上質なお茶が育つのに適した地域で、15世紀に中国の僧が茶の栽培を伝えたことで、お茶が作られるようになったそうです。煎茶が中心ですが、山間部では玉露が作られ、全国でも有数の生産量を誇ります。焙煎香と強いうまみが特徴。

P.206では、かぶせ茶を紹介します。
煎茶と玉露のいいとこどりのようなお茶です。

伊勢茶

〈産地〉三重県

静岡県、鹿児島県に次ぐお茶の産地である三重県。県内各地で多様なお茶が作られており、それらを総称して伊勢茶と呼ばれています。なかでも、県北部で作られるかぶせ茶が有名で、うまみある上品な味わいが特徴。

熊本茶

〈産地〉熊本県

お茶の産地として知られる熊本県では、県内の各地でお茶が作られています。さまざまなお茶がありますが、それらの総称が熊本茶です。蒸し製玉緑茶が主流ですが、近年、上質なかぶせ茶の生産が始められています。

P.207では、ほうじ茶を紹介します。
番茶や煎茶などの茶葉を焙煎して作ります。

加賀茶

〈産地〉石川県

加賀棒茶とも呼ばれるお茶で、茶の茎を原料としています。江戸時代からお茶の生産が盛んでしたが、明治時代中頃に、それまで廃棄されていた二番茶以降の茎を使ったのが始まりです。強火で焙じて作ることで香ばしくなり、まろやかな味わいに。

静岡茶

〈産地〉静岡県

日本を代表するお茶どころ、静岡。上質な煎茶を強火で炒って作ったほうじ茶です。ほうじ茶らしい豊かな香りとさっぱりとした風味が特徴です。カフェインが少ないため、子どもでも飲みやすい。

ハーブティー

親しみやすい味わいで、
入手しやすいハーブティーを紹介します。
数種をブレンドしたり、紅茶や煎茶と組み合わせたりしても。

エルダーフラワー

厄除けとして古くからイギリスを中心としたヨーロッパの家庭で育てられ、使われてきました。フラボノイドやフェノール酸を含み、発汗を促すため、気温の変化で体調を崩しがちな春先や秋口におすすめです。花粉症やアレルギー性鼻炎などの緩和にも。利尿作用もあります。

カルダモン

爽やかでスパイシーな香りで、「スパイスの女王」とも呼ばれています。消化を促すため、食後のお茶として飲みましょう。特に食べ過ぎたときに飲みたいハーブティーです。果実を丸ごと噛むと口の中がすっきりするため、口臭予防になります。

P.208-215　協力＝ハーブ専門店　エンハーブ

シナモン

お菓子や料理にも使われることの多いスパイス。特徴的なスパイシーな風味があり、体を温め、血流をよくしてくれます。風邪のひきはじめや体が冷えているなと感じるときに。食欲不振や消化不良など消化器系のトラブル緩和にも。少量でもブレンドすると、スパイシーで温かみのある風味に。

ジャーマンカモミール

紀元前から栽培され、薬草として活用されてきました。リンゴに似たフルーティーな香りとやさしい味わいです。「リラックスの代名詞」ともいわれ、穏やかな鎮静作用があり、イライラや緊張などを鎮めてくれます。胃の不調を感じたときにも。冷え性などにも使えるので、常備しておきたいハーブです。ミントなどのハーブとブレンドするのもおすすめです。

ジンジャー

日本や世界で広く料理に使われるショウガ。特徴はなんといってもピリっとした刺激のある風味。血行をよくし、じんわりと体を温めてくれます。冬の冷え対策に飲んでいる人も多いのではないでしょうか。胃もたれや吐き気など胃のトラブルにも。少量でもパワーを感じるので、ひとつまみ程度ブレンドして。

ダンディライオンルート

セイヨウタンポポの根を使ったハーブです。古くから花を含む全草がサラダなど食用にされてきたセイヨウタンポポ。漢方でも「蒲《ほ》公《こう》英《えい》」という生薬名で根が使われています。炒って使うと香ばしく、ノンカフェインの「タンポポコーヒー」として知られています。デトックス作用により、お通じやむくみ、肌あれのケアにも。

ハイビスカス

白やピンクの花をつける、ローゼル種の「ガク」の部分を使います。クレオパトラが飲んでいたともいわれ、強い酸味と美しい赤い水色が特徴。クエン酸を含み新陳代謝を高めて疲労回復に使われるほか、カリウムを含むことからむくみ対策にも。ビタミンCが豊富なローズヒップとブレンドすることで、美容にも役立ちます。

フェンネル

古代ギリシャでも使用されていたといわれ、現代でもキッチンハーブとして料理やお菓子作りに使われています。特に魚料理と相性抜群。ウイキョウという別名で、漢方でも使われます。お腹に溜まったガスの排出を促し、消化促進にも。痰を取り除く作用があり、喉の不調にもおすすめです。食べ過ぎて体が重く感じるときに飲みたいハーブティーです。

ブレンドについて

ハーブは1種で飲むこともできますし、数種ブレンドして飲むこともできます。目的に合わせてブレンドすることで、ハーブの働きが互いに作用し相乗効果が生まれます。さらに風味がより豊かになるというメリットがあり、五感で楽しみながら心身の健康に役立ちます。専門店でブレンドされたものが販売されているので、まずは気軽に取り入れてみましょう。

ブルーマロウ

鮮やかな青い花の植物で、紫色の水色が美しいハーブティーです。レモン汁を加えるとピンクに変化する楽しさも。粘液質やタンニンが豊富で、咳や喉の痛みを鎮めてくれるため、喉のイガイガや痛みが気になるときに。やわらかな香りとクセのない味わいです。

ペパーミント

古代ギリシャや古代ローマの時代から幅広く使われ、食べすぎや食欲不振、胃痛などに利用されてきたハーブです。おなじみの爽やかな香りと清涼感が特徴で、すっきりとした風味が楽しめます。心身に活力を与える賦活《ふかつ》作用と神経を鎮める鎮静作用が備わっています。食後や気分転換のお茶として。

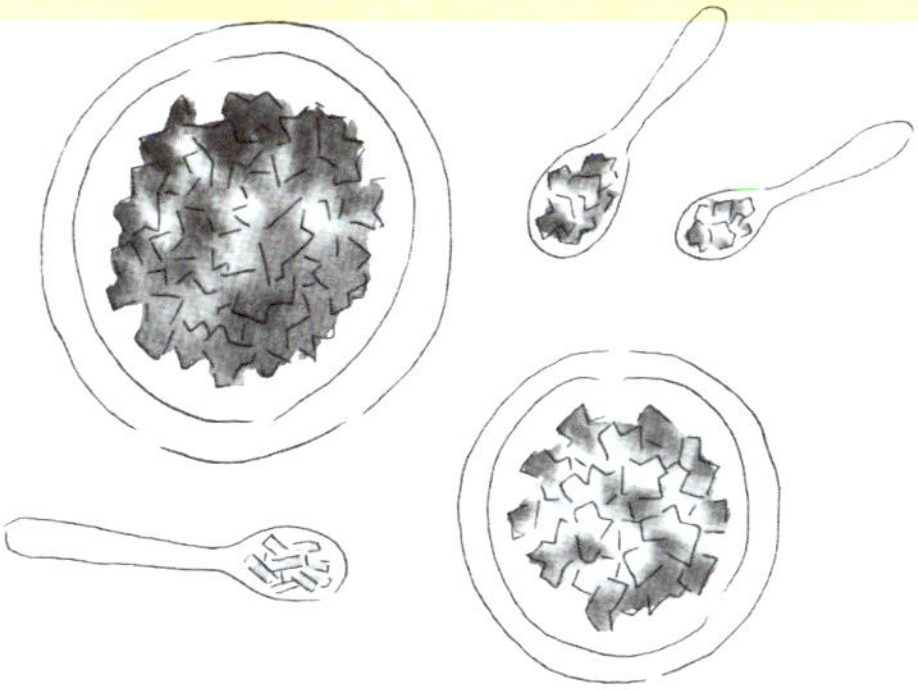

マルベリー

日本では桑の葉として親しまれ、鎌倉時代に記された『喫茶養生記』に取り上げられています。カルシウムや鉄分などのミネラルを含み、さまざまな働きがあります。甘いものがやめられない方や、生活習慣が気になるときに飲みたいハーブティーです。

ラベンダー

心身の緊張をやわらげてくれるような、優しい香りが特徴です。ハーブティーとしてだけでなく、ポプリやコスメなどでも親しまれています。鎮痛作用があり、緊張やイライラ、不安を鎮めてくれるため、抜群のリラックス効果があります。不安を感じて眠れないときに。

レモングラス

レモンに似た爽やかな香りですが、イネ科の植物。タイのトムヤムクンにも使われています。ハーブティーをブレンドする際に加えると、風味が調整しやすくなります。食後のティーとして飲むと消化促進に役立ち、爽快な香りが心身をリフレッシュさせてくれます。

レモンバーム

不安や緊張で安定しない精神状態を穏やかにしてくれます。学校や仕事の後、休日にリラックスしたいときに飲んでみましょう。レモンのような爽やかな香りですが、酸味はなく、グリーンを感じさせる風味です。ミントやレモングラスとブレンドするのがおすすめ。

（注意事項）
※毎日続けて飲用する際、体調に不安のある方は注意事項などを確認しましょう。また、妊娠中の方、薬を服用している方は、事前に医師に相談してください。

ローズ

深くて甘い優雅な香りで、張り詰めた神経を和らげてくれます。気分転換したいときや、緊張を緩和したいときのリラックスティーとして。収れん作用があるため、スキンケア製品にも使われています。ローズピンクとローズレッドがあり、ローズピンクのほうが風味がやわらかいのが特徴です。

ローズヒップ

ラグビーボールに似た形の実で、レモンの20～40倍ともいわれるビタミンＣの豊富さから「ビタミンＣの爆弾」と呼ばれています。疲れたときや発熱時のビタミンＣ補給に。便秘が気になるときにもおすすめです。美容にも役立つので、肌荒れが気になるときに飲んでみましょう。

制作協力

本の制作にご協力いただいたお店を紹介します。
どのお店も、専門店ならではの豊富な品ぞろえと、
お茶への愛情あふれる世界が感じられます。
ぜひ訪れて、お話ししながら、
お気に入りのお茶を探してみてください。

ティーマーケット ジークレフ

DATA	東京都武蔵野市 吉祥寺本町 1-8-14（吉祥寺本店）
	Tel / Fax : 0422-29-7229
	URL : www.gclef.co.jp
営業時間	午前 11 時～午後 8 時
定休日	年中無休（年末年始等を除く）※臨時休業などは HP でご確認ください

紅茶を中心としたお茶の専門店。現在、吉祥寺本店のほか、阿佐ヶ谷店、目白店を展開しています。産地より直輸入した、シングルオリジンの、作り手の作品としての紅茶や、中国茶、台湾茶など、ほかでは手に入らないお茶を良心的な価格で販売しています。購入に当たっては全てのお茶を無料でテイスティングでき、淹れ方なども丁寧にお伝えしますので、初めての方でも安心して購入していただけます。スタッフと一緒に、多彩なラインナップから、じっくりとお気に入りのお茶を見つけてください。

YouCha（遊茶）

DATA　東京都渋谷区神宮前 5-8-5
Tel：03-5464-8088
URL : youcha.com
Instagram : youcha_official

営業時間　午前 11 時 30 分～午後 7 時 30 分

定休日　年末年始　※臨時休業などは HP でご確認ください

1997年開業。茶葉が高品質で安全であることにこわだり、常時60～70種類の銘柄を揃えています。これから中国茶を始める方向けの講習会から、飲食関係のプロを対象としたコンサルまで、知識面のサポートも万全。店頭での茶葉、茶器販売のみならず、法人を対象としたビジネスも幅広く行っており、それぞれの目的に合わせて利用できるお店です。まずは体験、体感いただけるよう、店舗には試飲カウンターを設置し、中国の公認資格を有したスタッフが丁寧に応対申し上げております。

心向樹

DATA	埼玉県所沢市小手指町 4-1-18（My Cafe 内）
	Tel：042- 001-6465 / Fax : 042-001-6465
	URL : www.shinkoju.com
営業時間	午前 11 時～午後 6 時
定休日	毎週水曜日・第三日曜日・祝日　※イベント等により、変更あり

品種茶の専門店です。実は、お茶の品種は100種類以上。ワインやお米の品種に負けない、お茶の品種が持つ魅力を伝えるため、十人十色の、飲む人の好みにあったお茶を提案しています。品種の特長をしっかりと理解しているからこそできる、その品種に合った栽培・製造によって、これまでになかった品種茶の魅力をご紹介しています。

ハーブ専門店 enherb

ハーブ専門店
enherb

DATA　URL : www.enherb.net
Instagram : enherb_official
※全国の店舗については、HPよりご確認ください

ハーブは美容と健康に役立つもの、という“メディカルハーブ”の考え方に基づき、1人ひとりに寄り添うハーバルケアをご提案いたします。「植物のチカラをしっかりと実感していただきたい」との想いから、目的や季節のお悩みに合わせたブレンドティーをそろえています。また、お客様の目的やお好みの風味などをお伺いし、オーダーメイドで調合し世界でひとつだけのブレンドをお作りします。ひと言で「健康」といっても、気になるお悩みは人それぞれ。だからこそ、お客様1人ひとりの声に耳を傾け、寄り添える存在でありたいと考えています。

chai break

吉祥寺の街を抜けた井の頭公園のほとりにある、おいしいチャイと紅茶のお店。「紅茶が毎日の生活に欠かせないものになって欲しい」との願いから、一杯ずつていねいに手鍋で煮出したチャイと、素材の味を大切にした焼きたてのお菓子をご用意しています。

URL : www.chai-break.com

工芸茶専門店 CROESUS（クロイソス）

工芸茶専門店クロイソスは、生活のなかでひと時の安らぎと贅沢な時間、自分へのご褒美であるお茶時間の演出をテーマとしております。クロイソスが扱う工芸茶はひとつひとつ職人が丹精込めて手作りした芸術品。工芸茶を発案した汪芳生氏が命名した、芸術的に価値がある工芸茶「康藝銘茶」など約100種類の工芸茶を扱う日本唯一の工芸茶専門店です。テレビや雑誌・WEBなど多数の人気メディアに取り上げられています。

URL : mercure.jp　Instagram : croesus_shop

TEAtriCO（ティートリコ）

“ひととき”を想うひとしずく。ほんの少しの朝の余裕がいい1日を作ったり。ほんの少しの気分転換がやさしい空気を作ったり。小さな“ひととき”が変わるだけで、ハッピーは意外とすぐにやってきて、いつもの毎日やいつもの街並みをキラキラさせてくれるかもしれません。<TEAtriCO　ティートリコ >は、そんな“ひととき”のための香り高いひとしずくを生み出すブランド。個性豊かなドライフルーツと世界中から集めた上質な茶葉、そしてブレンダーの確かな技術があなたを幸せなティータイムへ誘います。

URL : teatrico.jp　Instagram : teatrico_japan

おいしい日本茶研究所

「もっと身近に、もっと日常に、もっと自由に、日本茶を楽しもう！」おいしい日本茶研究所は、飲み物としてのお茶はもとより、食の視点からも日本茶の新しい楽しみ方を日々研究・開発しています。

URL : oitea-lab.shop
Instagram : oitea_lab

茶舗いり江豊香園

福岡市内の中央区舞鶴にある、日本茶専門店の茶舗いり江豊香園（いりえほうこうえん）。福岡天神にて1947年創業。独自製法のかりがね茶や、八女茶、八女玉露などを販売しております。

URL : www.cha-irie.com
www.cha-irie.co.jp
Facebook / Instagram : chairie1947

英国アンティークス

英国アンティークスは陶磁器・シルバー・ジュエリーを扱っている、英国に拠点を置くアンティークのオンラインショップです。アンティークが初めてという方から本格的なコレクターの方のご期待にお応えできる作品を取りそろえております。当店ではお客様とのパーソナルタッチを大切にしており、お客様に誠心誠意尽くすことで信頼を得てまいりました。今後ともこれをプライドとして皆様に安心してご利用いただけるショップ運営をしてまいります。また近年中に日本での実店舗展開も予定しておりますので、乞うご期待くださいませ。

URL : eikokuantiques.com
Facebook : EikokuAntiques